GRID SYSTEMS

Principles of Organizing Type

[美] 金伯利 · 伊拉姆——著　　　孟姗　赵志勇——译

网格系统与版式设计

U0220920

上海人民美術出版社

图书在版编目 (CIP) 数据

网格系统与版式设计 / (美) 金伯利·伊拉姆著; 孟姗, 赵志勇译 .—
上海：上海人民美术出版社，2023.5
(设计新经典)
书名原文：Grid Systems: Principles of Organizing Type
ISBN 978-7-5586-2322-6

Ⅰ. ①网… Ⅱ. ①金… ②孟… ③赵… Ⅲ. ①版式 – 设计
IV. ① TS881

中国版本图书馆 CIP 数据核字 (2022) 第 040540 号

设计新经典

网格系统与版式设计

著　　者：[美] 金伯利·伊拉姆
译　　者：孟　姗　赵志勇
责任编辑：丁　雯
流程编辑：李佳娟
封面设计：棱角视觉
版式设计：曹思绮　胡思颖
技术编辑：史　湧
出版发行：上海人民美术出版社
　　　　　（地址:上海市闵行区号景路159弄A座7F 邮编：201101）
印　　刷：上海中华商务联合印刷有限公司
开　　本：787×900　1/16　7.5印张
版　　次：2023年5月第1版
印　　次：2023年5月第1次
书　　号：ISBN 978-7-5586-2322-6
定　　价：98.00元

目 录

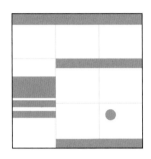

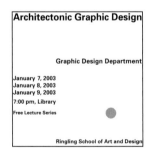

版式设计不仅可以呈现阅读信息，而且构成了页面中行与列的组成形式。利用这些机制可以在页面上创造各种块面，块面相互间的位置安排与联系，对于制造构成的视觉秩序感和统一感来说至关重要。版式设计的双重功能，使得设计师既需要考虑信息传达，又需要考虑页面构成。

版式设计，可以让设计师关注和探索在一个系统或结构内部关系中构成所起的作用。尽管一个简单的3行3列的网格结构的形式，是一个很一般的系统，但仍然有足够的弹性让设计师对其进行探索和变化。这种3×3的网格状结构也是一种三分法，当一个矩形或方形在垂直和水平方向上被各分为三份后，这个构成中的四个交叉点，就成为最佳视觉焦点。设计师可以通过定位元素，接近这些点的位置来安排元素的视觉层级高低。

左上的图例由6个矩形和一个圆点组成。网格中，各个元素间互成比例并相互组合，而且每个矩形至少与另外一个矩形保持对齐关系。通过内部的排列、控制矩形的比例以及调整其在版面中的位置，就可以创造在视觉上统一而舒适的构成关系。左图中间的例子是将灰色矩形替换为字行，文字的大小和位置，使版面左边形成一条轴线，整个文字信息产生明显的层级感。通过对左边三个图例的分析，我们能够发现信息的排版与构成的原则并无二致。对版面形成中抽象构成要素的理解，会使设计师更深入地领悟构成原理的作用以及设计所产生的各种视觉效果。以下即将展开的设计训练是基于该设计方法论的案例分析，由此可以让我们领悟到构成原理及其视觉效果。

对于本书和本系列丛书中的其他书籍的写作，我要感谢我的学生们，是他们启发了我；写作这些书的目的，就是要与众人分享一些最可能有用的途径和方法。设计教育是一个流动的过程，它总是在发展进化。因此，设计师和设计教育者们，我希望你们能够与我分享你们设计试验的结果，以便在本书日后的再版中加以收录。

金伯利·伊拉姆

瑞林艺术与设计学院
平面设计与互动传达系
佛罗里达州萨拉索塔市

构成要素与程序

我们使用一个3行3列的网格结构作为研究形式和构成的版面。这个简单的网格状结构提供了一个探索各种构成的开阔空间——设计者可对该空间进行灵活的组织。将该版面设置为方形，是为使视觉注意力集中在其内部构成上，而不是该版面的形状和比例上。

作为构成要素的6个灰色矩形，在后面的设计中会被替换为文字。另外，圆点的使用可以在构成中产生视觉控制和对照，以此来达到平衡的目的。该圆形要素的使用十分灵活，它虽然很小，但具有极大的视觉力量。圆形容易吸引视线，同时在形状上也与矩形因素形成对比，从而增强自身的视觉效果。

与其他构成要素相比，圆点在构成中的位置更加灵活。本书将提供一系列在复杂程度上呈递进式的动态练习，以帮助学生运用网格原理探索版式设计形式。

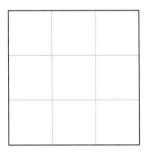 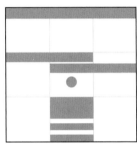 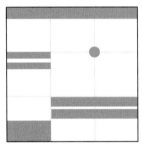 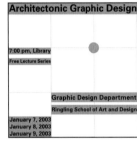

该3行3列的网格结构提供了9个视觉方块。	设计元素为6个灰色矩形和1个圆点。	要求设计元素在网格系统中放置。	用字行取代灰色的矩形元素（上图），呈现运用字体进行排列的构成形式（下图）。

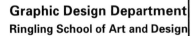

Architectonic Graphic Design

7:00 pm, Library

Free Lecture Series

Graphic Design Department

Ringling School of Art and Design

January 7, 2003
January 8, 2003
January 9, 2003

限制与选择

下面将列出矩形元素在版面中放置的一些简单规则。

- 在水平构成中，所有的矩形元素必须保持水平。在水平 / 垂直构成中，所有的矩形元素必须水平或垂直放置。在倾斜构成中，所有矩形必须同样倾斜或对比性倾斜。
- 所有的矩形元素必须全部使用。
- 不能有矩形元素超出版面。
- 矩形元素可以近乎相切，但不可重叠。

以上限制对于创造一个内部协调的版面构成来说很重要。在首先介绍的第一种水平构成中，构成元素必须水平放置，其他的构成系列中将会用到与其对应的放置方式。由于每个长矩形都将被替换为文字，因此在设计构成时要利用所有构成元素。三类矩形元素的长度为一个、两个、三个视觉方块的宽度。

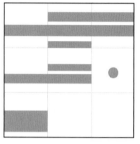 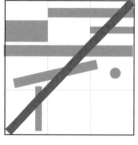 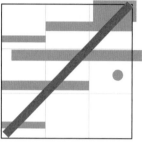 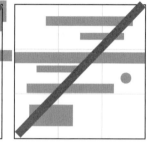

正确放置。利用了所有矩形元素且都水平放置，矩形元素没有超出版面或重叠。圆点可以放在版面中的任何位置，但不可与其他元素重叠。

错误放置。在水平构成中，构成元素必须水平放置。其他放置方式应对应其他构成方式。

错误放置。构成元素不可重叠或超出版面。

错误放置。矩形构成元素的长度必须与视觉方块相吻合。

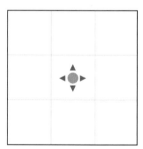 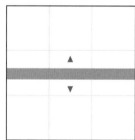 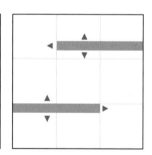 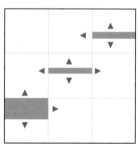

圆点可以放置在任何位置。在构成中它是较随意的元素，并不需要与网格线条对应。

最长的矩形必须与整个版面的宽度吻合，上下位置可任意调整。

较短的两个矩形所占空间必须切合任意两个纵栏，上下的位置可任意调整。

最短的3个矩形可以占据任何一个纵栏，上下位置可任意调整。

构成要素的比例

该版式为设计的成功提供了极大的可能性, 原因有以下几点: 第一, 在版式设计的整个过程中, 学生会去关注个别突出的问题, 并且作出针对性的思考和决策。第二, 方形版面有助于将学生的注意力集中到构成要素和排版设计上。若版面为矩形, 则会使学生关注版面划分的比例问题。第三, 各个构成要素互成比例可体现层级感。由于整个版面的宽度为3个小视觉方格, 因此构成要素的长度之比为1: 2: 3。在简单的版面关系中, 该比例既合理又能产生视觉舒适感, 对于创造协调的构成来说, 除了运用视觉理论, 这一限制性方法的使用也同样重要。

另外, 圆点和矩形之间也成一定的比例关系。它的直径与最长矩形元素的宽度相同, 并且约等于一个小视觉方块宽度的四分之一。

7:00 pm, Library
Free Lecture Series
January 7, 2003
January 8, 2003
January 9, 2003

Graphic Design Department
Ringling School of Art and Design

Architectonic Graphic Design

1个网格　　2个网格　　3个网格

组合

元素的组合对视觉信息的传达来说十分重要。组合使得一种
元素与另一元素紧密联系，产生直接的视觉关系。相同或不
同元素的组合都会产生韵律感和节奏感，带来不同的整体感
受。通过组合，版面形式得到简化，而虚空间则更加集中，体
现出鲜明的视觉秩序感。

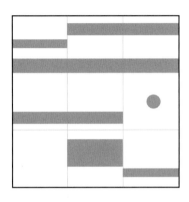

未组合元素

如果不组合构成元素，那么观看者在视觉上就
需要面对七个独立元素。版面显得缺乏组织
性，构成元素看起来也很杂乱。

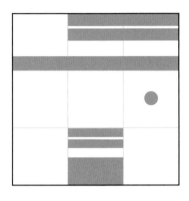

组合元素

通过组合，构成元素的数量减少，简化了组
合关系，使虚空间更加集中。

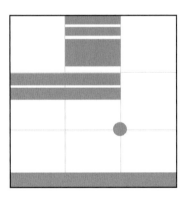

相同元素的组合

相同宽度的矩形元素可以被组合在一起。

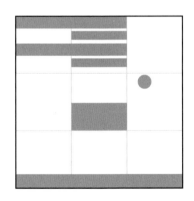

不同元素的组合

不同宽度的矩形元素可以被组合在一起。

虚空间与组合

虚空间或称空白空间是指未被构成要素占据的空间。虚空间的形状和组合，会直接影响观看者对构成的感知。当构成要素未得到组合，每一个周围都是虚空间时，杂乱的虚空间就会使整体构成呈现出无序、无组织的视觉效果。当构成要素得到组合后，虚空间的数量会变少，同时平均面积变大，此时会得到一个内部协调的版面构成形式。

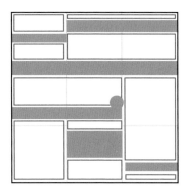

未组合：杂乱的虚空间

在这个没有组合的构成中，至少有10个矩形虚空间——如红框所示。构成显得无序，无法产生视觉吸引力。

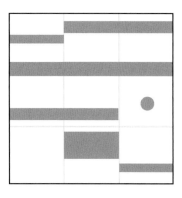

未组合：杂乱的虚空间

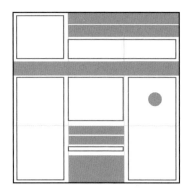

组合后：简化的虚空间

在这个得到组合的构成中，有6个矩形虚空间——如红框所示。这些虚空间不仅在数量上减少，而且平均面积增大，提升了观看者的视觉舒适度。

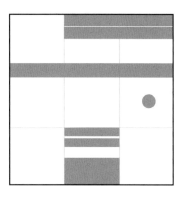

组合后：简化的虚空间

四边联系与轴的联系

恰当运用版面的四边，是创造和谐内部构成的关键。若无任何构成元素靠近顶端边线和底端边线——如下图所示，虚空间就会挤压构成元素，整个构成就会缺乏稳固性。当构成元素靠近版面的顶端边线和底端边线时，虚空间就会得到最优化利用。整个构成形式会因视觉上的扩展而"拓宽"。

网格中的构成元素通过组合排列会形成轴线。当一根轴线出现在构成内部时，就会形成强烈的视觉联系，由此产生构成上的视觉秩序感。左边线和右边线的轴虽然也能带来构成上的秩序感，但在视觉效果上相对较弱。单独一个构成元素不能创造出一根轴线，两个或者更多的构成元素才能形成轴线。一般而言，成线性排列的元素越多，轴线会显得越牢固。

四边的联系

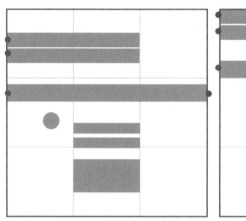

弱的四边联系

由于没有元素与顶端边线和底端边线接近，沉闷的虚空间就充塞于该构成的顶部和底部。

强的四边联系

构成元素和四边都有接触，所有空间都被激活，构成在视觉上得到扩展。

轴的联系

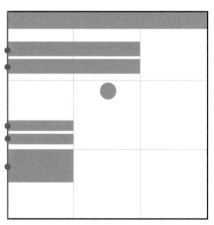

弱的轴线联系

在该构成中，左边线的轴线用红色标出，这种联系很弱，因为它联结的内部线列最少，而且由于这根轴线位于边线上，就使得视线焦点偏移出整个版面。

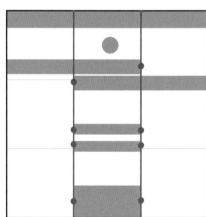

强的轴线联系

由于较多的构成元素呈线性排列在这两根轴上，因此中间一列的两根轴线具有很强的视觉冲击力。

三分法

3×3的网格系统符合三分法，即当一个矩形或者正方形分别在水平和垂直方向上被分为三份后，构成中的4个交叉点就是最吸引人的4个点。设计师可以通过位置和距离，来确定哪些点在层级上是最重要的。

运用三分法，可以让设计师把注意力放在对交点的处理上，从而控制版面空间。未必一定将构成元素直接放在交点上，因为过于靠近会使注意力全部集中到交点上。

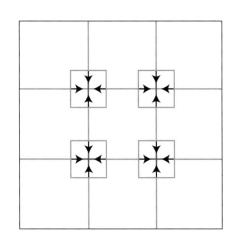

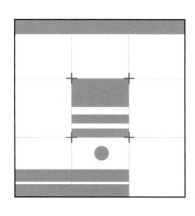

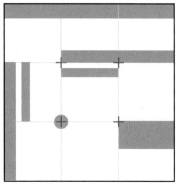

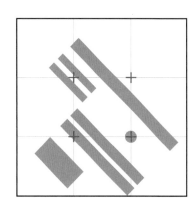

圆与构成

作为较灵活的元素, 圆可以放在构成中的任何位置。当圆靠近字行时, 可将观者视觉注意力转移到字行上, 并起到修饰字行的作用。当圆放在字行中间时, 既隔开了字行, 同时也对字行起到组织的作用。若圆远离文字要素, 它起到吸引视线, 决定阅读导向, 增加构成平衡性的作用。圆放置的位置不同, 构成的视觉效果也不同。

在所有的构成中, 圆充当具有突出强调作用的符号, 同时与矩形构成元素形成对比。圆可以作为轴的支点、张力要素、起点或终点, 还可以起到组织视觉或平衡版面的作用。对设计师来说它是可以灵活运用的工具, 以调控出自己想要得到的视觉效果。

圆的潜在功能:
- 激活空间
- 轴的支点
- 张力
- 起点或终点
- 组织
- 平衡

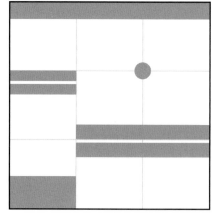

平衡放置和轴的支点

当圆位于网格中的一条直线上时, 会产生一种视觉平衡感。从整个构成来看, 圆也充当轴线的支点。

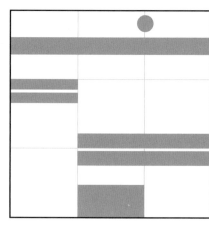

激活空间

当圆位于狭窄的虚空间中时, 该虚空间被激活。整个构成会产生较强的不对称感, 看起来也更加富有趣味。

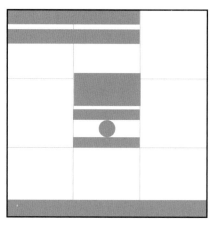

张力

当圆位于与其他元素非常接近的位置时, 就产生视觉张力。

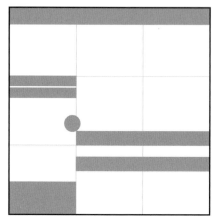

张力

当圆靠近一个近90度的角时, 就会强化形状的对比, 扩大张力。

在这一页上，所有的版面构成都相同，唯一不同的是圆的位置有所改变。圆的黑色让它的位置得到注意，它的放置会明显改变观看者观看版面时视线的移动方式。

把圆放在文字附近常导致对文字的强调。当圆作为字行的起点时，这种强调就会改变构成的层级。圆放置在几行文字中间，会隔开字行，并起到强调作用。圆放置在被大量虚空间包围的位置上，就会充当轴的支点。当圆处于文字和边线之间时，会产生视觉张力并对字行起到强调作用。

强调起点

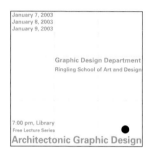

强调终点

强调和张力

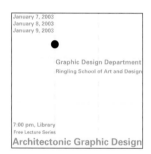

组织

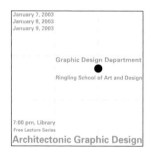

强调和组织

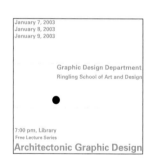

组织

平衡

平衡和轴的支点

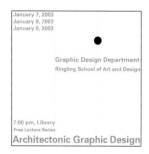

平衡

水平构成

在本书的一系列练习中，第一系列的练习是最简单的水平构成。首先是对一系列小的样例进行处理，在处理这些小的样例时，会运用到各种视觉处理原则，如组合、边线关系、轴线、圆的位置等。而此时也开始出现视觉法则的运用。

当设计师逐渐意识到构成上的细微差别时，表面上看起来很简单的任务就变得复杂了。最初的构成涉及一些最为明显的选择，但随着设计师开始探究更为深入微妙的因素，构成的处理就会变得越来越有趣。最具视觉冲击力的构成都经过很大程度的修改和完善，并且最终用字行代替矩形元素。抽象版本中最有秩序感、最具冲击力的构成，也必然会是文字版本中最有意思的构成。

在下面给定的网格系统中，通过安排每条矩形元素建立起视觉层级。在该构成中，所有字行均使用相同字体和字号，进一步强调统一性。与其他因素相比，文字的位置和圆的定位更能对层级的划分起关键作用。

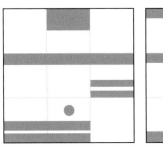 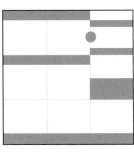 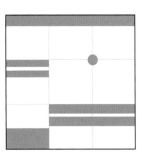

水平构成

设计伊始,学生倾向于快速、下意识地创建一些小样。这种处理有一定的好处,因为后续的绝大部分可能的视觉组织方案,都必然会在此基础上进行展开。然而,最长矩形要素有三种处理方式,包括置于版面顶部、底部和内部。学生很有可能忽略其中一种或一种以上构成方式。因此在设计构成之初可以有意识地关注这三种处理方式,以及每种方式下构成要素的具体安排。

强调:
- 组合
- 虚空间
- 边线
- 轴线
- 三分法
- 圆的位置
- 行距

构成处理的组织

最长的矩形占据3个小视觉方块,在构成上起主导作用。因此,三种主要的处理方式为:最长矩形在版面顶部、底部和内部。样例的构成被分成这样的三组。此外,每组样例都要展现版面整体构成中的某些构成特性。这三种处理的前两种,会让学生去掌握一些限定的视觉原则;第三种(最后一种)则要运用所有的构成特性。

水平构成

第一种处理,长矩形放在顶部
　　强调:
- 组合
- 虚空间
- 边线
- 轴线

主要考虑构成中的基本方面。

第二种处理,长矩形放在底部
　　强调:
- 三分法
- 圆的位置
- 行距

主要考虑构成中的控制和强调。

第三种处理,长矩形放在内部
　　强调:
- 组合
- 虚空间
- 边线
- 轴线
- 三分法
- 圆的放置
- 行距

考虑所有构成特性。

长矩形放在顶部的样例

长矩形放在顶部的这种处理方式就是要把最长的矩形放在版面顶边上或是非常接近顶边的位置。设计过程中要求主要考虑以下基本方面：组合、虚空间、边线和轴线。当学生开始理解哪一种构成最令人愉悦以及产生如此视觉效果的原因时，就要鼓励他们去进行实验探索。

- 组合
- 虚空间
- 边线
- 轴线
- 三分法
- 圆的位置
- 行距

- 组合
- 虚空间
- 边线
- 轴线
- 三分法
- 圆的位置
- 行距

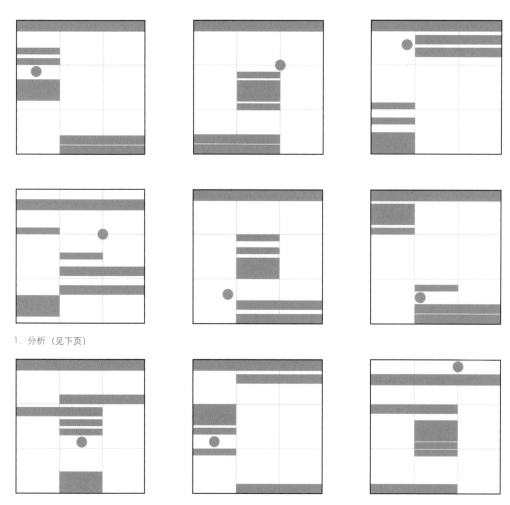

1. 分析（见下页）

2. 分析（见下页）

分析：长矩形放在顶部

- 组合
- 虚空间
- 边线
- 轴线
- 三分法
- 圆的位置
- 行距

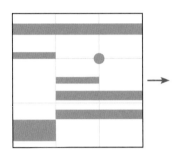 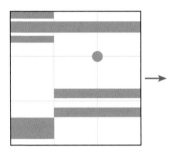 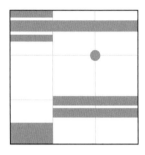

1. 与其他样例相比，这个设计少了一些构成内部的协调感。顶部留下的虚空间，使人感觉很沉闷。许多要素未被组合，导致该构成有种杂乱感，并且底部边线也未得到利用。

调整过程中，把一个窄条矩形放置在长矩形的上方，就使得顶部的虚空间被激活；把另一个窄条矩形放置在长矩形的下方，又使得它和上面的窄条矩形组合起来。

最后，两个中等长度的矩形被组合了起来，它们之间间隔缩小，联系变得更为紧密；而最宽的矩形置于底端，使得版面在视觉上更加开阔。

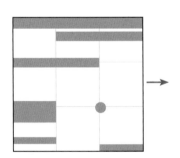 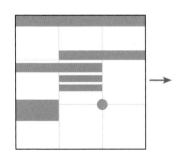 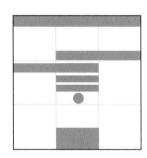

2. 该设计和上面的设计出现的问题相同，都是元素需要更为紧密地组合，从而简化构成，而且内部轴线也需要加强。

调整过程中，两个中等长度矩形仍然是各自左右偏移，但相互间间隔缩小，并与另外两个窄条矩形进行组合。

最后，宽矩形置于底端中部以稳定构成，圆置于中间一列中，以强化中间一列的两条轴线。

文字的调整

在内部结构最稳定的构成样例中,用字行代替灰色矩形,最后再进行细微的调整,使得构成更加协调。

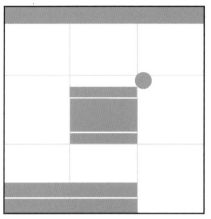

Architectonic Graphic Design

Free Lecture Series
January 7, 2003
January 8, 2003
January 9, 2003

7:00 pm, Library

Graphic Design Department

Ringling School of Art and Design

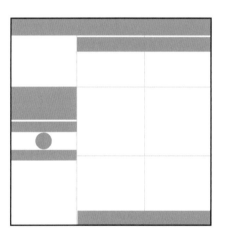

Architectonic Graphic Design

Graphic Design Department

January 7, 2003
January 8, 2003
January 9, 2003

Free Lecture Series

7:00 pm, Library

Ringling School of Art and Design

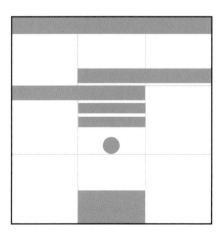

Architectonic Graphic Design

Ringling School of Art and Design
Graphic Design Department

7:00 pm, Library

Free Lecture Series

January 7, 2003
January 8, 2003
January 9, 2003

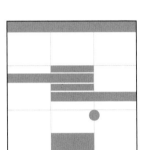

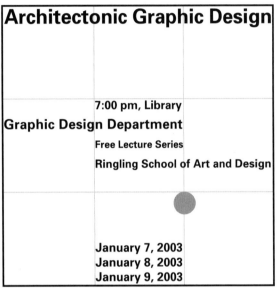

Architectonic Graphic Design

7:00 pm, Library

Graphic Design Department

Free Lecture Series

Ringling School of Art and Design

January 7, 2003
January 8, 2003
January 9, 2003

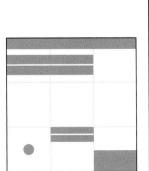

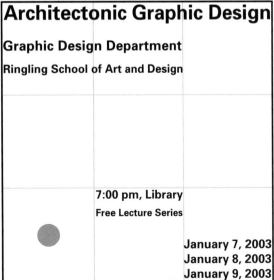

Architectonic Graphic Design

Graphic Design Department

Ringling School of Art and Design

7:00 pm, Library

Free Lecture Series

January 7, 2003
January 8, 2003
January 9, 2003

水平构成

由于重力使得最长或最重的元素往下落, 因此底部是长矩形最稳定的放置位置, 底部的稳定性使得其他构成要素可以处于上部空间中的任意位置。

长矩形放在底部的样例

- 组合
- 虚空间
- 边线
- 轴线
- 三分法
- 圆的位置
- 行距

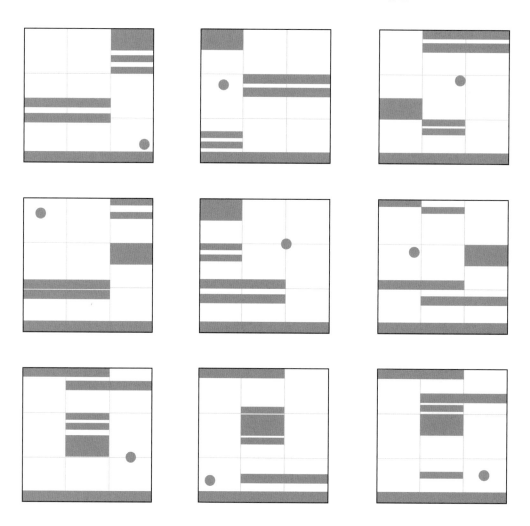

长矩形放在底部的样例

- 组合
- 虚空间
- 边线
- 轴线
- 三分法
- 圆的位置
- 行距

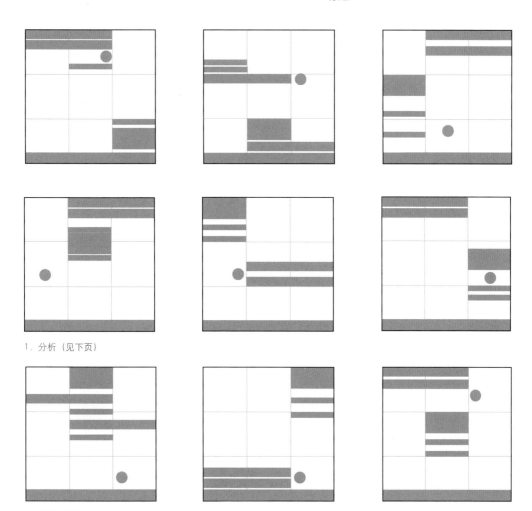

1. 分析（见下页）

2. 分析（见下页）

- 组合
- 虚空间
- 边线
- 轴线
- **三分法**
- **圆的位置**
- 行距

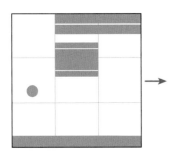

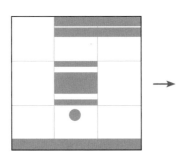

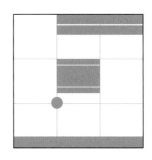

1. 该设计颇具构成的内部协调性。后面的两个修改有意识地使用了三分法来探索增加内部协调性的可能。

三分法表明：当一个矩形或者方形分别在垂直和水平方向上被分为三部分时，得到的四个交点最为引人注目。

此处两种不同的处理，探讨了要素间距及圆的位置的改变对构成的影响。

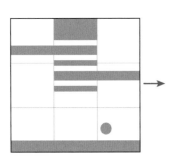

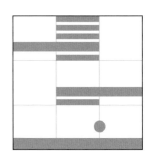

2. 该设计也具有一定的内部协调性。后面的两个修改方案，有意识地进行了行距的变化，来探讨增加内部协调性的可能。

行距的缩小创造了两组由不同要素组成的截然不同的组合。

把两组间的间距拉大，则组与组间的差异更明显，宽矩形被分成三个窄条矩形，产生了韵律感。

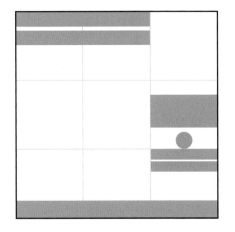

Ringling School of Art and Design

Graphic Design Department

January 7, 2003
January 8, 2003
January 9, 2003

7:00 pm, Library

Free Lecture Series

Architectonic Graphic Design

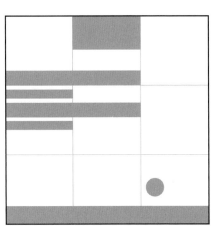

January 7, 2003
January 8, 2003
January 9, 2003

Ringling School of Art and Design

7:00 pm, Library

Graphic Design Department

Free Lecture Series

Architectonic Graphic Design

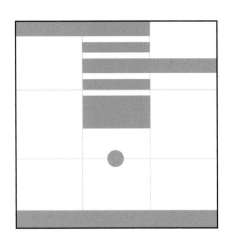

Ringling School of Art and Design

Free Lecture Series

Graphic Design Department

7:00 pm, Library

January 7, 2003
January 8, 2003
January 9, 2003

Architectonic Graphic Design

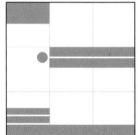

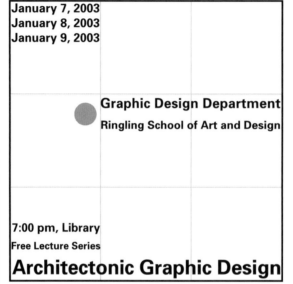

January 7, 2003
January 8, 2003
January 9, 2003

Graphic Design Department

Ringling School of Art and Design

7:00 pm, Library

Free Lecture Series

Architectonic Graphic Design

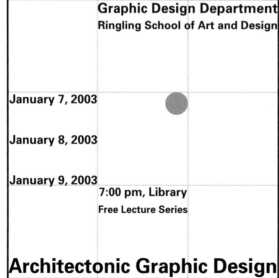

Graphic Design Department
Ringling School of Art and Design

January 7, 2003

January 8, 2003

January 9, 2003

7:00 pm, Library

Free Lecture Series

Architectonic Graphic Design

长矩形放在内部的样例

长矩形在版面内部的位置是可变的。长矩形的长度等于整个版面的宽度，当它置于内部时会将方形版面切分成上下两个较小的矩形块。如果这两个矩形块中未放置任何构成要素，内部空间就会给人感觉很沉闷，要想激活该空间，至少要在这两个矩形块中各放一个构成要素。

最长的矩形放置在版面内部，会将一个协调的方形版面切分成两个不太协调的矩形块，自然会影响视觉审美的效果。即使这两个矩形块都被激活，也无法完全弥补长矩形置于版面内部带来的缺陷。

- 组合
- 虚空间
- 边线
- 轴列
- 三分法
- 圆的位置
- 行距

1. 分析（见下页）

2. 分析（见下页）

分析：长矩形放在内部

- 组合
- 虚空间
- 边线
- 轴列
- 三分法
- 圆的位置
- 行距

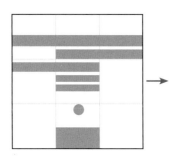

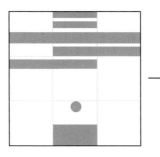

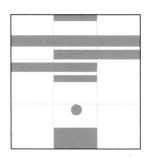

1. 这个构成有着很好的内部排列关系，但是长矩形在顶部隔出了一个沉闷的空间。被隔出的这个虚空间未被利用且显得笨拙，并使得构成中底部的元素看似很沉重。

小矩形和中等矩形的韵律和重复很有趣，两个小矩形被上移，以激活空间。

一个单独的构成要素，比如一个小矩形，也可以用来激活空间。作为一个孤立的构成要素，它会吸引相当的注意。

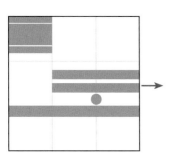

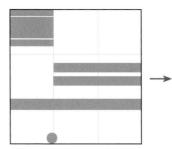

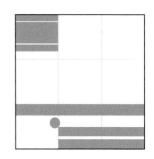

2. 和上面的设计一样，这个构成也造成了沉闷的虚空间。这个虚空间感觉很笨重，构成要素似乎要飘到顶上去了。

一个单独的构成要素——圆，也足以激活这处虚空间，并对这个版面构成起稳固作用。

多样性要素激活了虚空间，这个圆创造了张力，吸引了注意力。

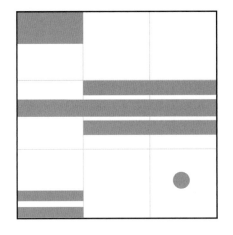

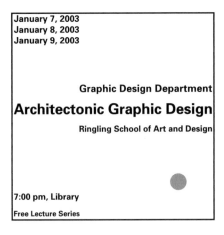

January 7, 2003
January 8, 2003
January 9, 2003

Graphic Design Department
Architectonic Graphic Design
Ringling School of Art and Design

7:00 pm, Library

Free Lecture Series

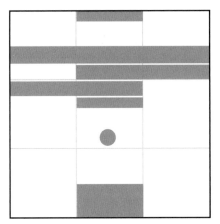

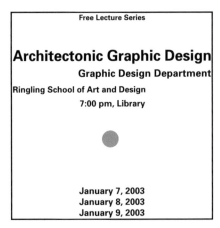

Free Lecture Series

Architectonic Graphic Design
Graphic Design Department
Ringling School of Art and Design
7:00 pm, Library

January 7, 2003
January 8, 2003
January 9, 2003

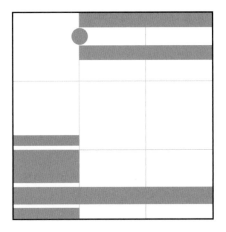

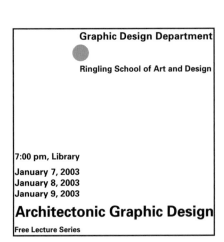

Graphic Design Department

Ringling School of Art and Design

7:00 pm, Library

January 7, 2003
January 8, 2003
January 9, 2003

Architectonic Graphic Design

Free Lecture Series

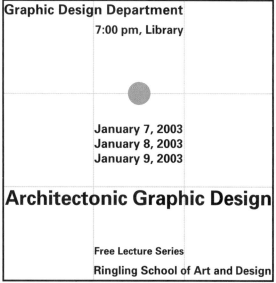

Graphic Design Department

7:00 pm, Library

January 7, 2003
January 8, 2003
January 9, 2003

Architectonic Graphic Design

Free Lecture Series

Ringling School of Art and Design

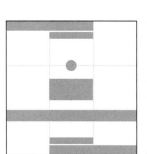

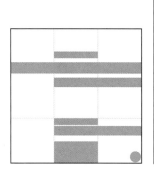

Free Lecture Series

Architectonic Graphic Design

Graphic Design Department

7:00 pm, Library

Ringling School of Art and Design

January 7, 2003
January 8, 2003
January 9, 2003

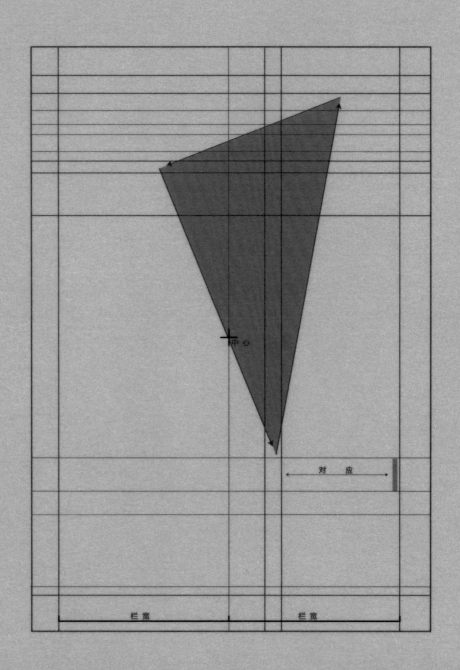

中 心

对 应

栏 宽   栏 宽

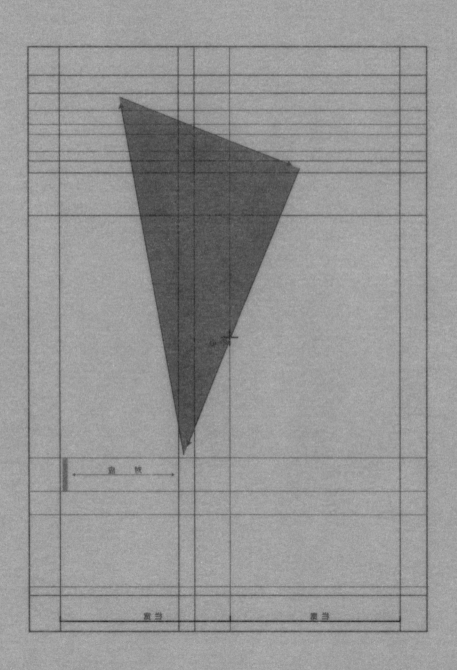

为《新版面设计》所做的版式设计

扬·奇肖尔德年仅23岁时，就为一本印刷业杂志撰写了一期题为《字体排印基础》的特刊。通过这期特刊，奇肖尔德向业界介绍了他的设计思想和设计作品，还包括埃尔·利西茨基的理念。1928年，《新版面设计》一书出版，成为传达设计发展历程中富有影响的里程碑。这本书通过解析版式设计，试图提出"新版面设计"的体系，提倡非对称的构成，将虚空间和行距作为内部结构的重要元素。

《新版面设计》的版式设计如下图所示，它包含了奇肖尔德的设计理念和对细微比照的研究。无衬线的非装饰性字体，放置在一个两栏交叠的版式中——透过上面的覆盖薄膜，可以观察到这两栏原本的宽度相同。通过交叠，形成了右边较窄的一栏。在靠近底部的位置又保留了一个较短的等宽栏，栏内字行为黑体。

扬·奇肖尔德, 1928年

《艺术的各种流派》一书的标题页和内容页

埃尔·利西茨基与包豪斯学派以及包豪斯学派的那些大师，包括扬·奇肖尔德、拉兹洛·莫霍利－纳吉以及特奥·凡·杜斯伯格等人都有很密切的联系。他是个多产的作家，四处演讲，对进行版式设计试验的一代人起到了鼓舞作用。他通过使用具有分割和装饰作用的线段和块面作为构成和图像的元素，在凸版印刷方面进行了开创性的试验探索。

《艺术的各种流派》一书涵盖三种语言，该页面的设计涉及复杂的传达问题。利西茨基使用了一种由分栏和粗线组成的极富结构性的网格体系。分栏和粗线作为要素起到组织和强调的作用。另外，对于艺术设计中的结构主义和至上主义而言，抽象的几何和单一色彩的运用是达到纯粹的传达目的的重要手段，而线段的使用恰好与此相符合。下图中，横竖交叉的黑色粗线段作为组织信息的统一框架，简洁而有效。

标题页（上图）
标题页是一个水平的组织体系，它把页面分成了三个视觉区，产生水平方向上的视觉强调。

内容页（右图）
相反，内容页是一个垂直的组织体系，它将页面分成三列竖栏。马勒维奇写的序言在页面上方被水平地隔开，再下方是关于立体主义、未来主义和表现主义的内容部分。

埃尔·利西茨基，1923年

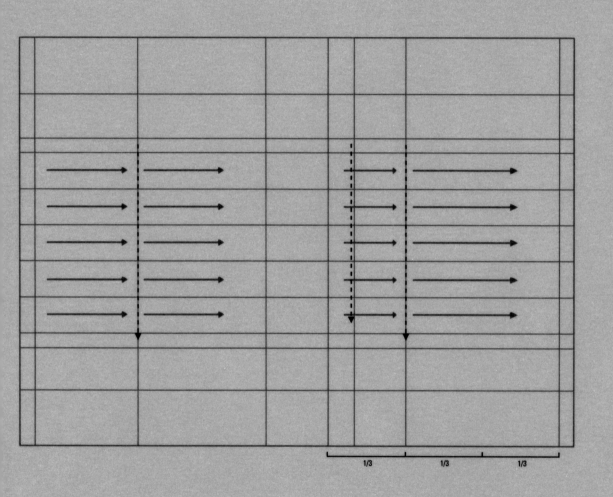

1/3   1/3   1/3

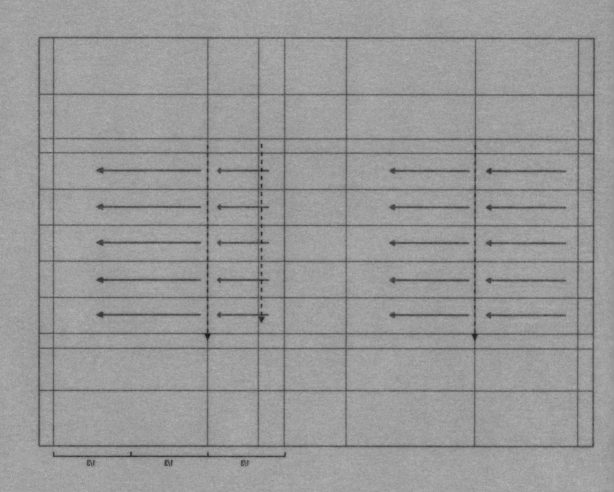

包豪斯产品目录的对页

1921年时, 赫伯特·拜尔就读于德国图林根州包豪斯老校, 师从瓦西里·康定斯基, 后来又得到拉兹洛·莫霍利-纳吉的指导。1925年, 他和以前的同校同学马塞尔·布鲁尔、约斯特·施密特和约瑟夫·阿伯斯一起被任命为位于德绍市的包豪斯新校的老师。他深受当时艺术界各种流派的影响, 其中对他启发最大的是包豪斯版式设计强调的功能性和理性特征。

下图为拜尔为包豪斯目录所做的设计, 揭示了抽象要素的使用对版式设计产生的微妙影响。线段从粗到极细的变化, 形成一种美丽的对比。韵律和重复在构成中发挥着重要作用。比如形状的重复, 既增加了文字的组织性也强调了字行的垂直排列, 从而决定了从上到下的观看方式。这张对页, 左边的一页末端使用粗黑的抽象元素——水平线段, 右边则使用黑色的圆。

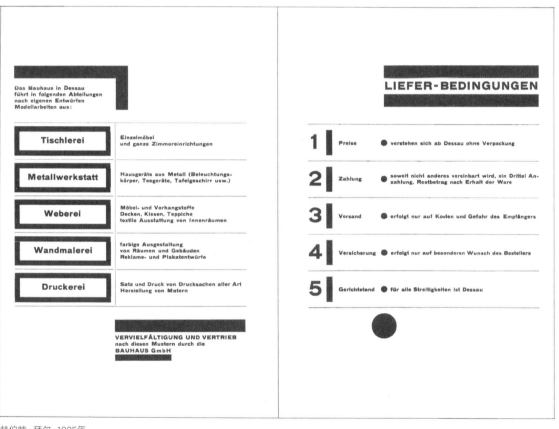

赫伯特·拜尔, 1925年

阿姆赫普拉兹剧院的广告

下图是阿姆赫普拉兹剧院赞助商名单的旧版。该页面上有不同赞助商的广告，每个广告都包含商品标志和商品介绍，整个页面看起来很混乱。在后来的版本中（见39页），创建了一个构成体系，通过版式设计来强化信息。各个赞助商的广告被用线段加以分隔和组织，通过统一的字体和体系化的布局来组织商品内容。

新的版面结构是由12排8栏组成的网格系统。垂直方向上被分为三分之一和三分之二两部分，顶部三分之一部分为标题和内容，下部的三分之二是赞助商的广告。最上面一排视觉区是标题。每个赞助广告占据一排4栏的视觉区，或两排4栏的视觉区。

旧版如左图所示，新版见下页

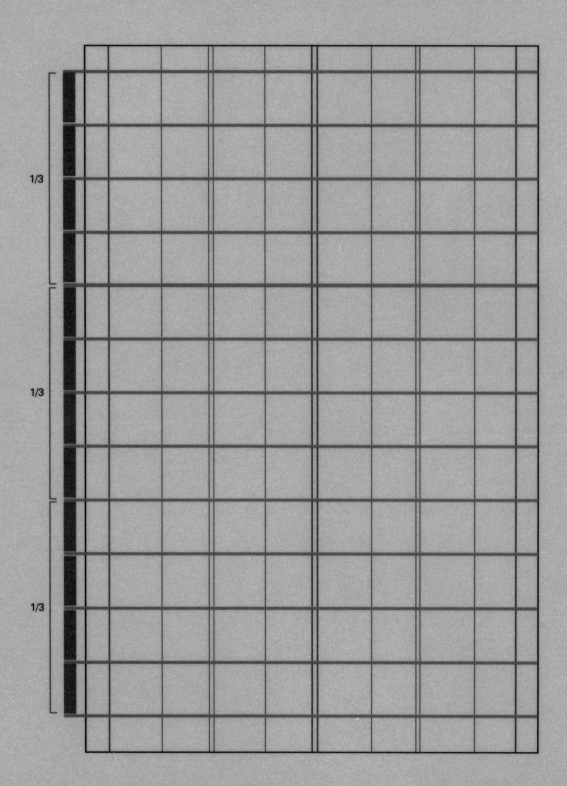

1/3

1/3

1/3

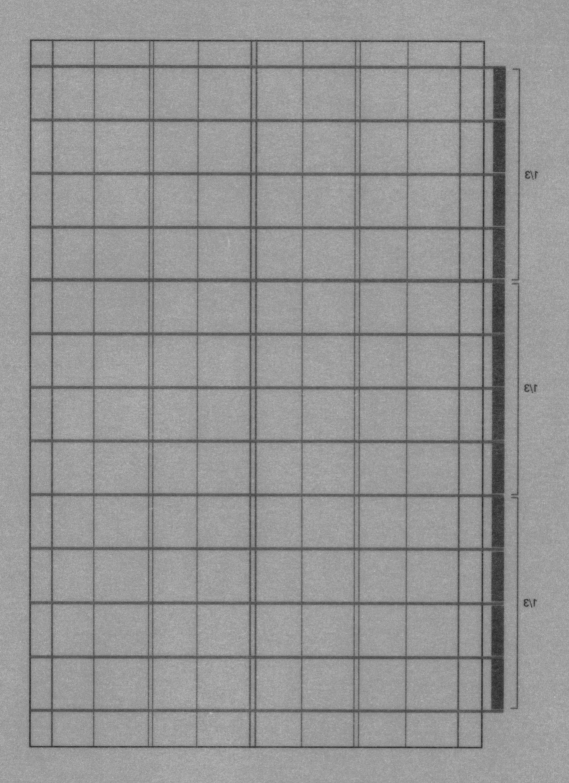

1/3

1/3

1/3

Theater am Hechtplatz

Sie hat 60 Ze der halbfetten Akzid auf zwei Punkt durch ichen auf 10 Zentim zehn Zentimeter. Di der halbfett kzidenzgrotesk acht

Dies ist ein Schriftmuster der halbfetten Sie hat 60 Zeichen auf 10 Zentimeter. Die 8 Punkt, hier mit zwei Punkt durch ein Schriftmuster der halbfetten Akzidenz hat 60 Zeichen auf zehn Zentimeter. Punkt, hier mit zwei Punkt durchschossen. Ist ein Schriftmuster der Akzidenzgrotesk 60 Zeichen auf zehn Zentimeter. Dies ist mit zwei Punkt durchschossen. Sie hat der halbfetten Akzidenzgrotesk acht Punkt auf zehn Zentimeter. Dies ist ein Schrift Sie hat 60 Zeich

grotesk acht Punkt, hier mit zwei Punkt Akzidenzgrotesk acht Punkt, hier mit zwei zehn Zentimeter. Dies ist die halbfette schossen. Sie hat 60 Zeichen auf zehn mit zwei Punkt durchschossen. Sie hat 60 der Akzidenzgrotesk acht Punkt, hier mit Dies ist ein Schriftmuster der halbfetten Sie hat 60 Zeichen auf 10 Zentimeter. 8 Punkt, hier mit zwei Punkt durch ein Schriftmuster der halbfetten Akzidenz Punkt, hier mit zwei Punkt durchschossen. ist ein Schriftmuster der Akzidenzgrotesk 60 Zeichen auf zehn Zentimeter. Dies mit zwei Punkt durchschossen. Sie hat 60

auf zehn Zentimeter. Dies ist ein Schrift zwei Punkt durchschossen. Sie hat grotesk acht Punkt, hier mit zwei Punkt Akzidenzgrotesk acht Punkt, hier mit zwei Dies ist die halbfette schossen. Sie hat 60 Zeichen auf zehn mit zwei Punkt durchschossen. Sie hat 60 der halbfetten Akzidenzgrotesk acht Punkt auf zehn Zentimeter. Dies ist ein Schrift Sie hat 60 Zeichen auf 10 Zentimeter. 8 Punkt, hier mit zwei Punkt durch ein Schriftmuster der halbfetten Akzidenz hat 60 Zeichen auf zehn Zentimeter. Dies Punkt, hier mit zwei Punkt durchschossen. ist ein Schriftmuster der Akzidenzgrotesk 60 Zeichen auf zehn Zentimeter. Dies ist die halbfette schossen. Sie hat 60 Zeichen auf zehn mit zwei Punkt durchschossen. Sie hat 60 der Akzidenzgrotesk acht Punkt, hier mit Dies ist ein Schriftmuster der halbfetten

ein Schriftmuster der halbfetten Akzidenz hat 60 Zeichen auf zehn Zentimeter. Dies ist ein Schriftmuster der halbfetten Akzidenz 60 Zeichen auf zehn Zentimeter. Dies ist der halbfetten Akzidenzgrotesk acht Punkt auf zehn Zentimeter. Dies ist ein Schrift grotesk acht Punkt, hier mit zwei Punkt Akzidenzgrotesk acht Punkt, hier mit zwei zehn Zentimeter. Dies ist die halbfette schossen. Sie hat 60 Zeichen auf zehn der Akzidenzgrotesk acht Punkt, hier mit 8 Punkt, hier mit zwei Punkt durch ein Schriftmuster der halbfetten Akzidenz hat 60 Zeichen auf zehn Zentimeter. Die Punkt, hier mit zwei Punkt durchschossen. 60 Zeichen auf zehn Zentimeter. Dies ist mit zwei Punkt durchschossen. Sie hat 60

Eugen Scotoni AG

ie hat sechzig k acht Punkt, hier

8 Punkt, hier mi ein Schriftmuster de hat 60 Ze

J. & A. Kuster

Zeichen auf

Dies ist ein Sc Sie h 8 Punkt, hier mit

Kowner

zgrotesk 8 in Schriftmuste

ein Schriftm hat 60 Zeichen

Dies ist ein Schr Sie hat 6 8 Punkt, hier mit

Knuchel & Kahl

zehn Zentimeter. Di

Punkt, hier mit ist ei 60 Zeichen auf ze

mit zwei Punkt der halb

Eugen Hechler Sohn

halbfetten Akzid

auf zehn Zentime zwei Punkt durch

Vannini

Otto Gamma

grotesk Akzidenzgrotesk

Punkt, hier mit zwei ist ein S 60 Zeichen auf z

hriftmuster de

8 Punkt, hier mi ein Schr hat 60 Zeichen a

Ernst Wyss & Co.

Lehmann & Cie. AG

Akzidenzg

iftmuster der halbfe

Sessler & Co.

Punkt, hier mit zwei ist ein Schri

60 Zeichen mit zwei Punk

Punkt, hier mit zwe ist ein 60 Zeichen auf ze

mit zwei Punkt dur der halbfetten Ak

mit zwei der halbfetten

8 Punkt, hier mi ein Schr hat 60 Zeichen au

Meynadier & Cie. AG

ER ESS Möbel

der halbfe auf zehn Zen

zwei Punkt durchs grotesk sch Akzidenzgrotesk a

Prodecor AG

der Akzidenzgrote Dies is Sie hat 60 Zeich

zehn Zentimeter schossen mit zwei Punkt dur

durchschos

ist ein Schriftmuster 8 Punkt 60 Zeichen auf ein Schriftmuster mit zwei Punkt dur

克里斯托夫·加斯纳，
约1960年

39

萨玛塔曼森网站

萨玛塔曼森网站的界面设计非常灵活,变化多种多样。界面中间是一根起支撑作用的水平轴,轴线上是文字和标记以及公司的标语:"我们为优秀的人做优秀的产品。"另外,这根轴线上还有供用户使用的导航条,该导航条为使用者提供详细的图文信息。图像和文字会以方形或矩形的版式呈现在轴的上方和下方。

暖灰色的背景将白色或黑色的文字图像衬托得十分鲜明,同时也为内容的组织和网站阅读方式提供了灵活性。该设计创造了空间的秩序感,图像色彩丰富,引人注目,使得设计者可以灵活地将使用者的注意力转移到设计意图上。

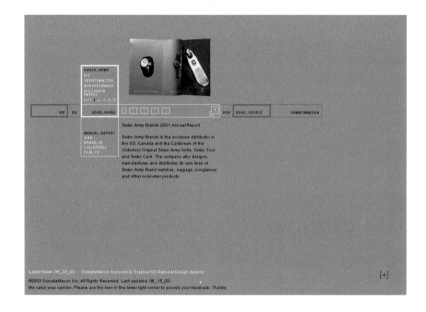

设计公司
萨玛塔曼森,伊利诺伊州敦提

艺术指导和设计师
戴夫·马森,凯文·克鲁格,
2001年

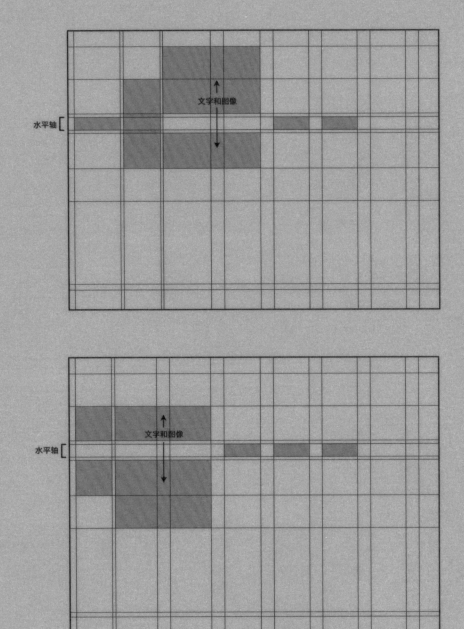

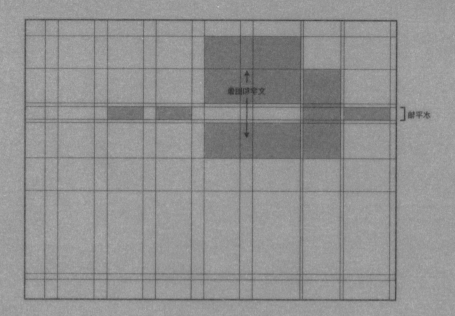

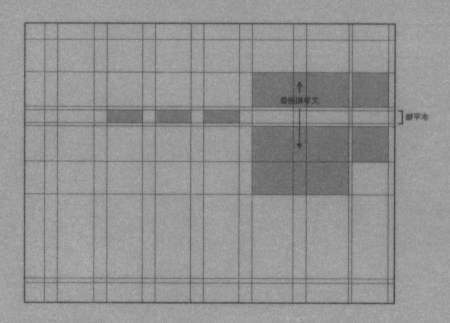

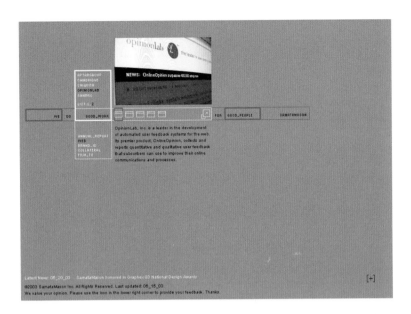

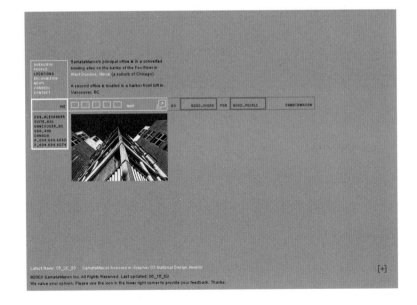

建筑和城市研究协会的平面设计项目

这是建筑和城市研究协会 (IAUS) 系列海报中的两张。海报宣传的是各种演讲和不同主题的展览。由于主题之间的差别很大, 所以IAUS自1979至1980年的版式设计体系相同, 但内部的内容变化多样。

这个网格结构由4个主栏组成, 4个主栏又分为垂直的8栏, 形成8排8栏的网格系统。

一排排的视觉区被相同宽度的黑粗线分开, 这些黑粗线的宽度和主栏的分隔栏宽度大致相同。在顶部的两个视觉区中, 黑粗线中展示的是名称和地址, 下方是用红色大号字体呈现的展览主题。下面一排视觉区中是用红色字体呈现的主要信息, 分别位于一条黑色分割线的上方和下方。中心线上方的这排视觉区内是一组水平排列的图像。中心线下方的四排视觉区是这些图像的文字介绍, 并选用一幅图像作为背景。下面是该套奥地利建筑海报的网格分析图。

维格尼利联合设计公司, 1979-1980年

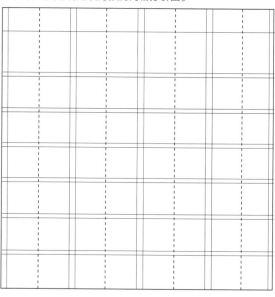

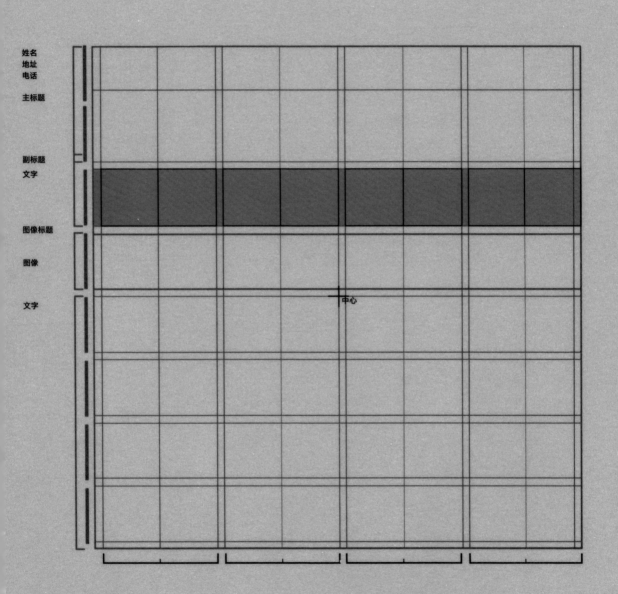

姓名
地址
电话

主标题

副标题
文字

图像标题

图像

文字

中心

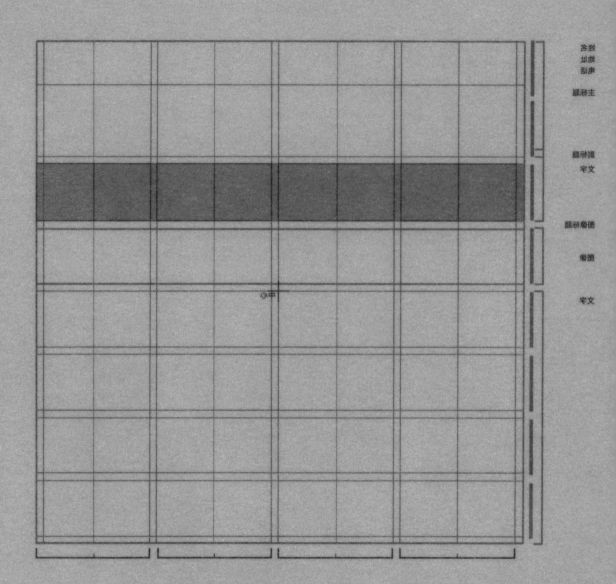

该系列海报采用简约的设计风格，仅使用红黑两种颜色，通过在图像中使用双色套印，制造出色彩丰富的视觉感。版面结构也遵循简约风格，使观看者的视线自然地从标题移动到文字和图像上，从而获取信息。

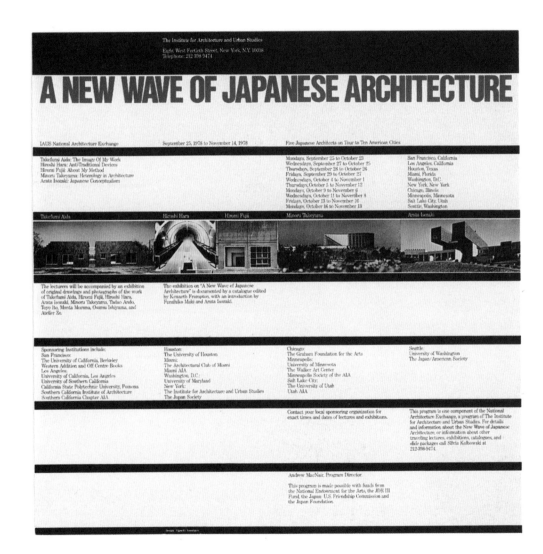

苏富比拍卖行的平面设计项目

苏富比是世界上最大的拍卖行之一，它在纽约市有两处画廊，一处位于麦迪逊大道，一处位于约克大道。苏富比的广告体系必须灵活而且饱含信息，因为拍卖品种类繁多而且每周所拍商品都不同。使用这种版式体系，其模板可以容纳快速变化的广告信息，同时又保持了众多广告的一致外观。

这种版式上的分层设计使信息清晰又美观地呈现出来，观看者哪怕只看上一眼，就会知道本周在两个画廊中将会有什么拍卖。从最主要的信息——拍卖的主题和物品图片，到最精确的信息——什么时候，在哪里拍卖，都一目了然。顶部最粗的黑色线条强调着标题——苏富比拍卖行，其余水平粗黑线条将拍卖品的种类清楚地隔开并组织起来。

维格尼利联合设计公司，
1981—1982年

Fine Art Auctioneers   Since 1744

SOTHEBY'S

Madison Avenue Galleries
980 Madison Avenue.
New York 10021
(212) 472.3400

York Avenue Galleries
1331 York Avenue.
New York 10021
(212) 472.3400

Exhibition Galleries open Monday through Saturday 10 to 5. Sundays 1 to 5. Tuesday evenings until 7:30. All property on view until 3 pm the day prior to sale. No Jewelry, Stamp or Coin exhibitions on Sundays or Tuesday evenings.

Catalogues available at both galleries or by mail. Request by sale number and enclose check to Sotheby's. Dept. NYC, 980 Madison Avenue. New York 10021. For further information, please contact the Subscription Department (212) 472.3414.

York Avenue Galleries

Decorative Works of Art, Judaica, Furniture & Rugs

Japanese Prints

Auction: Friday, January 16 at 10:15 am (continuing all day).

Auction: Saturday, January 17 at 10:15 am and 2 pm.

Illustrated catalogue S4. S5 by mail. Order by sale no. 4523Y.

Exhibition: Friday, January 16.

Illustrated catalogue S6.S7 by mail. Order by sale no. 4524Y.

York Avenue Galleries

Victorian International

including Silver. Objects of Vertu, Glass, Pottery and Porcelain, Bronzes and Decorations, Furniture, Rugs and Tapestries.

Auction: Friday and Saturday. January 23 & 24 at 10:15 am and 2 pm each day.

Exhibition: Saturday, January 17 through Thursday, January 22.

Lecture: Sunday, January 18 at 2 pm in conjunction with this exhibition (open to the public).

Illustrated catalogue S10. S12 by mail. Order by sale no. 4526Y.

Shown: Pair of Vienna vases and covers. late 19th century. (lot 105)

Madison Avenue Galleries

American and European Paintings, Drawings, Prints, and Sculpture

Auction: Friday, January 23 at 10:15 am.

Exhibition: Saturday, January 17 through Thursday, January 22.

Illustrated catalogue S4. S5 by mail. Order by sale no. 4527M.

Shown: Charlotte E. Babb, *Thetis*, signed and dated 1878, watercolor on paper. 14 x 13 inches. (lot 228)

44

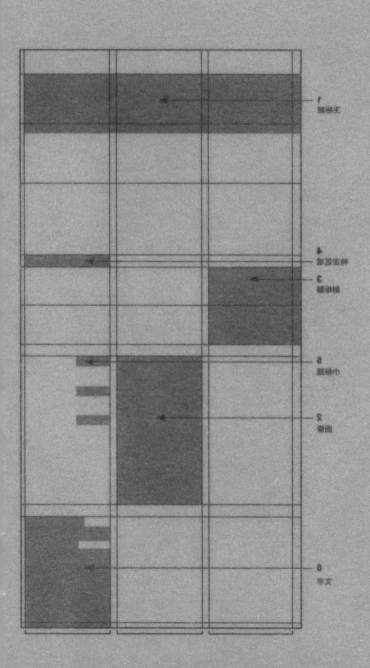

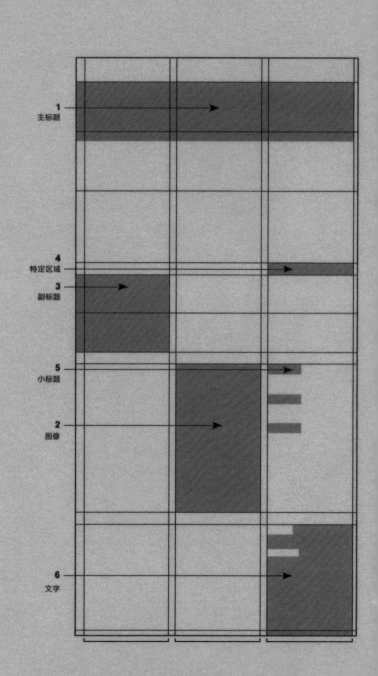

1
主标题

4
特定区域

3
副标题

5
小标题

2
图像

6
文字

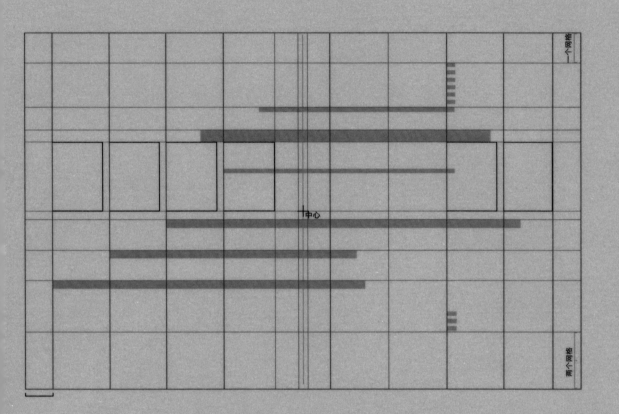

中心

一个网格

两个网格

《新城市风景》目录对页的版式设计

"德雷特尔·多利尔合伙人"设计的这张对页,其形式上的对比能够快速引起人们的注意。这个设计的标题是《新城市风景》,它使用整张对页来展示目录的内容,很好地诠释了风景的含义。

一系列窄栏内的浅色文字穿越了整张对页(如覆盖页上的黑色轮廓所示),创造出韵律和重复感,增加了构成的秩序感。右页从顶部到底部由粗体字形成了深色的肌质,并被横穿左右两页的字行打断。这些长的水平字行(如覆盖页上的浅灰色窄长矩形所示)既起到了传达内容的作用,也起到了将两页对页的内容统一起来,使之成为一个完整构成形式的作用。

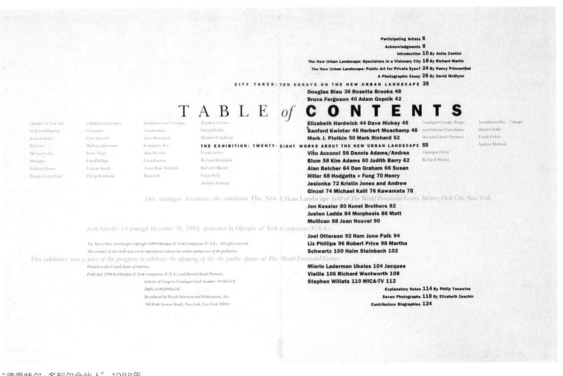

"德雷特尔·多利尔合伙人",1988年

水平 / 垂直的构成

本书系列练习中的第二组练习更为复杂，探讨的是水平加垂直的构成。这些构成样例不仅运用到前面提到的所有视觉原则，而且要更多地去考虑每个构成要素是水平放置还是垂直放置。

在这一组练习中，还要使用组合、边线、轴线和三分法这些前面用过的视觉原则。与前面的设计相比，由于构成要素或横或竖的导向对比，以及虚空间的种种变化，这组练习中的版面关系更为生动活泼。鉴于文字要替代矩形的构成元素，所以，阅读顺序应是设计师考虑的重要因素。

当文字替代了矩形的构成元素后，就出现了文字是从顶部向底部看，还是从底部朝顶部看这样的问题。阅读的顺序取决于版式设计和视线在版面上移动的方式。当圆作为构成的中心时，常常被当作视觉支点。另外值得注意的是，在图书馆找书时，绝大多数书的书脊标题是从上往下阅读的。

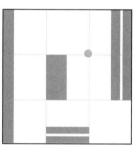 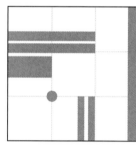 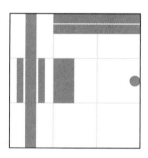

由于第一组练习旨在引导学生对版式设计的可变性进行深入研究，第二组练习也是如此。学生已经对设计构成的细微差别非常敏感，因此，在这个阶段就无须把注意力放在详细的构成理论上。由于每个构成要素既可以水平放置也可以垂直放置，版式设计也更加复杂。

最长的矩形构成元素，占据三个小视觉方块，在构成中起主导作用。主要训练方法依然包括将长矩形构成要素分别水平置于顶部、底部和内部，也包括垂直置于左边、右边和内部。当最长的矩形位于版面的顶部和底部以及左右边线上时，很容易达到构成的稳定性。若将最长的矩形水平或垂直地置于版面内部，版面就会缺少稳定感，产生不对称感。

强调：
- 组合
- 虚空间
- 边线
- 轴线
- 三分法
- 圆的放置
- 行距
- 阅读导向

水平 / 垂直的构成

构成的旋转
每个构成都可以通过旋转来产生三个新的构成。

系列1，2，3，4
　　强调：
- 组合
- 虚空间
- 边线
- 轴线
- 三分法
- 圆的放置
- 行距
- 阅读导向

所有的构成特性都要与新增加的阅读导向因素联系起来。阅读导向由整体版面形式来决定。

系列1，长矩形在顶部

系列2，长矩形在底部

系列3，长矩形在左边或者右边

系列4，长矩形在内部

由于灰色矩形是一些抽象的构成元素，所以它们可以轻易地进行旋转。最长字行会产生视觉重量，为确定其最佳放置处，需进行多次旋转练习。这类练习十分有趣，同时也可发现其位置的改变是如何影响层级顺序的变化。最后颠倒的字行在被多次旋转之后就符合正常的阅读顺序了。

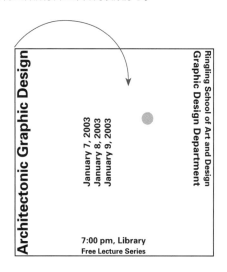

1. 最初的构成

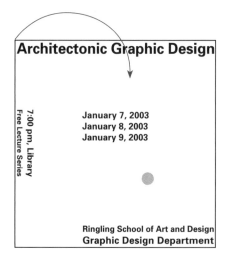

2. 第二个构成

把最初的构成顺时针旋转90°，原来颠倒的字行就转正了。

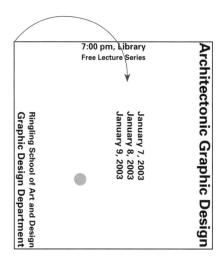

3. 第三个构成

把第二个构成顺时针旋转90°，原来颠倒的字行就转正了。

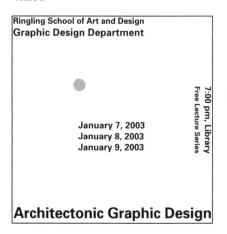

4. 第四个构成

把第三个构成顺时针旋转90°，原来颠倒的字行就转正了。

文字阅读导向的选择, 不论是从顶部向底部还是从底部向顶部, 都需要和其他的元素相一致。在下面第一个例图中, 垂直的字行是从底部向顶部读, 这就产生了一种舒服的顺时针阅读导向。在下面第二个例图中, 垂直的字行引导着目光脱离页面, 需要努力把目光转回到页面的顶部, 才能阅读剩下的信息。

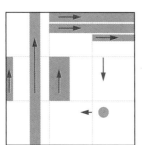

顺时针阅读导向

垂直字行已经定好了导向, 所有元素都以顺时针导向阅读。这使得读者获得视觉上的舒适感。

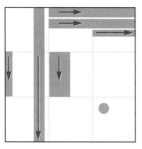

冲突的阅读导向

垂直字行的导向和其他字行的导向相冲突。当读者费力地把目光从一个阅读导向移到另一个阅读导向时, 视觉上会很不舒服。然而, 由于视觉信息简短, 所以阅读导向的冲突不是特别明显, 因此可以忽略。

水平 / 垂直的构成

当长矩形放在顶部位置时，任一或者所有其他的构成元素都可以垂直放置。由于两个中等大小的矩形占据两个视觉方块的宽度，是第二大的构成要素，所以就要注意它们在版面构成中的作用。可以将它们分离开来：一个水平放置，一个垂直放置；也可以两个都水平放置或两个都垂直放置。

前面第一组练习中所展现的实现构成内部协调的原则如组合、虚空间、边线、轴线、三分法、圆的位置和行距等，在这一组练习中还将体现出来。

两个中等矩形，一个水平放置，一个垂直放置。

由于这两个矩形被放置成导向冲突，虚空间就变得更加复杂，组合和内部排列就变得非常重要。

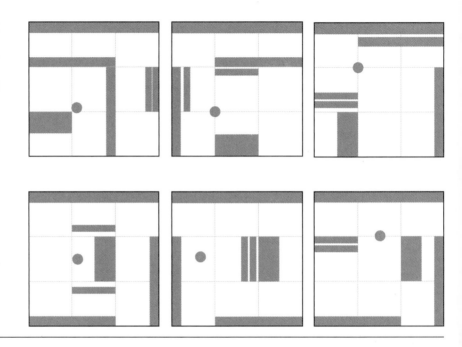

两个中等矩形都水平放置。

由于两个矩形被安排为导向相同，虚空间就较少，也较为简单。

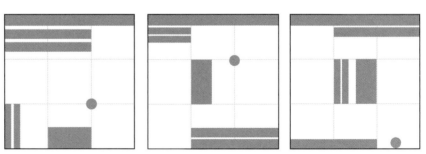

长矩形在顶部的样例

- 组合
- 虚空间
- 边线
- 轴线
- 三分法
- 圆的放置
- 行距
- 阅读导向

中等矩形，两个都水平放置
（接上页）

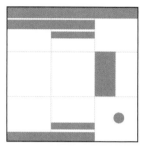 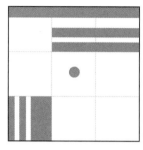 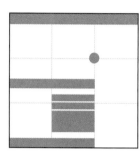

两个中等矩形都垂直放置，很难建立一个令人感觉舒服的构成安排，因为目光会从垂直矩形接触的版面底边滑出页面。如果出现了这种情况，可以通过放置圆和占据视觉一个方块的小矩形来引导视线回到版面上去。

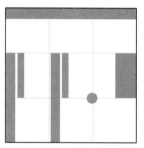 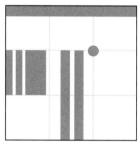 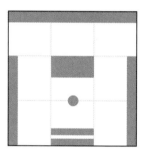

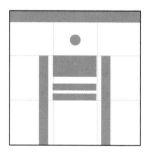 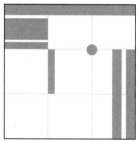 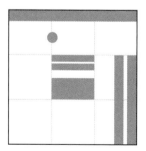

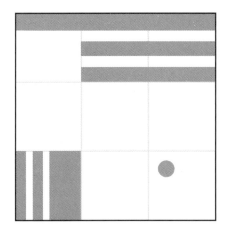

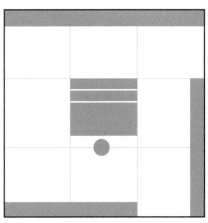

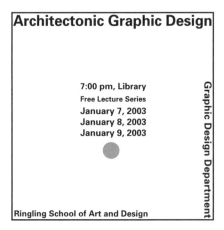

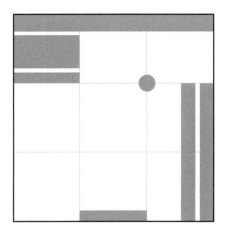

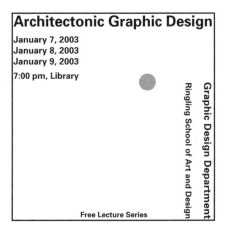

长矩形在底部的样例

- 组合
- 虚空间
- 边线
- 轴线
- 三分法
- 圆的放置
- 行距
- 阅读导向

中等矩形，一个水平放置，一个垂直放置。

当相似构成要素在放置导向上冲突时，组合和内部排列就变得非常重要。右边的两个样例在构成上都分别进行了两种不同的安排。

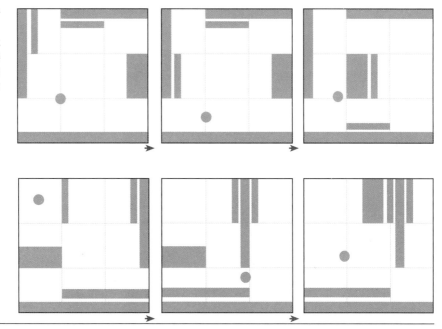

中等矩形，两个都水平放置。由于两个矩形的放置导向相同，虚空间就较少，也较为简单。

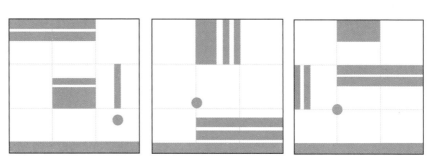

- 组合
- 虚空间
- 边线
- 轴线
- 三分法
- 圆的放置
- 行距
- 阅读导向

中等矩形, 两个都水平放置
（接上页）

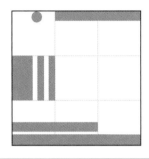
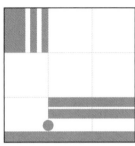
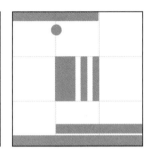

中等矩形, 两个都垂直放置。
在这种安排中, 要形成一个感觉
舒适的构成较为困难。而且, 通
常那些一个网格宽的小矩形都必
须放置成同一导向, 都是垂直的
或都是水平的, 以达到统一。

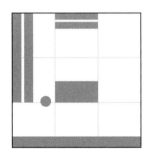
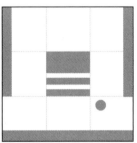
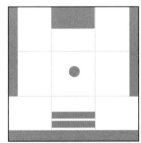

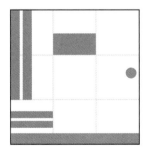
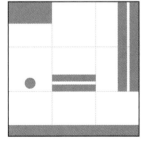
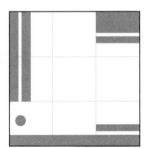

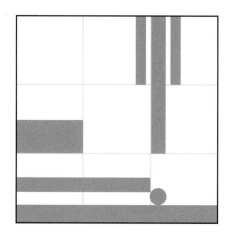

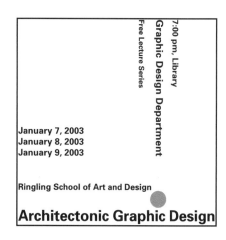

7:00 pm, Library
Graphic Design Department
Free Lecture Series

January 7, 2003
January 8, 2003
January 9, 2003

Ringling School of Art and Design

Architectonic Graphic Design

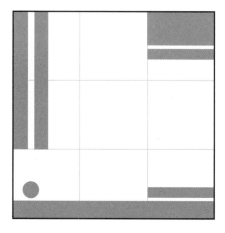

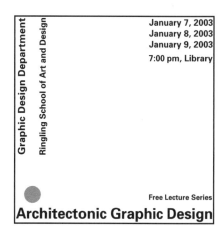

Graphic Design Department
Ringling School of Art and Design

January 7, 2003
January 8, 2003
January 9, 2003

7:00 pm, Library

Free Lecture Series

Architectonic Graphic Design

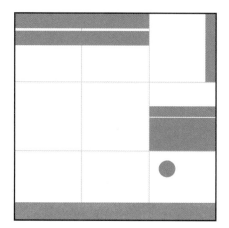

Ringling School of Art and Design
Graphic Design Department

Free Lecture Series

7:00 pm, Library
January1 2003
January 8, 2003
January 9, 2003

Architectonic Graphic Design

水平／垂直的构成

长矩形在左边或右边的样例

- 组合
- 虚空间
- 边线
- 轴线
- 三分法
- 圆的放置
- 行距
- 阅读导向

中等矩形均水平放置。

由于矩形元素被两两放置为相同导向，虚空间就较少，也较为简单，很容易达到形式上的统一。

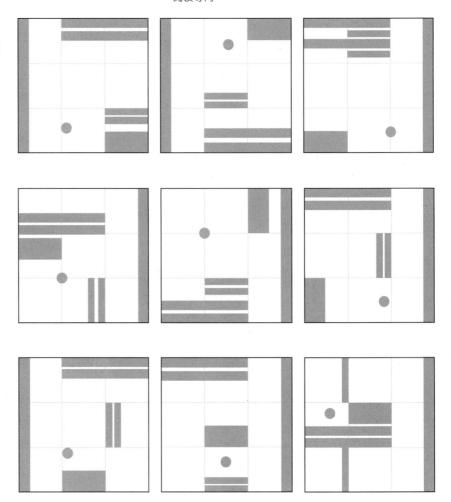

长矩形在左边或右边的样例

- 组合
- 虚空间
- 边线
- 轴线
- 三分法
- 圆的放置
- 行距
- 阅读导向

中等矩形, 两个都水平放置
（接上页）

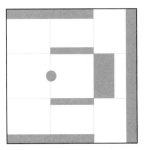 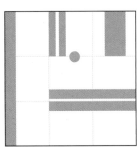 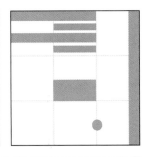

中等矩形, 两个都垂直放置。
由于两个矩形被安排为相同
的导向, 虚空间就比较少, 也
比较简单。

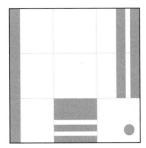 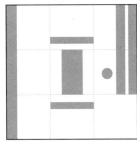 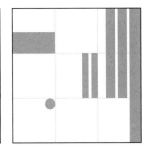

中等矩形, 一个水平放置, 一
个垂直放置。
当中等矩形沿着版面的右边
线和底边线放置时, 就形成了
最简单的构成。当中等矩形被
放置在版面内部时, 构成就变
得较为复杂。

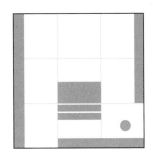 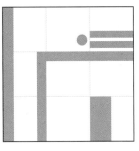 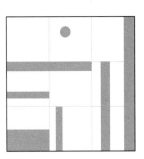

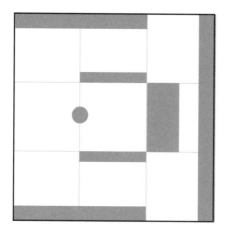
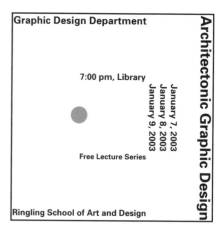

Architectonic Graphic Design

Graphic Design Department

7:00 pm, Library

January 7, 2003
January 8, 2003
January 9, 2003

Free Lecture Series

Ringling School of Art and Design

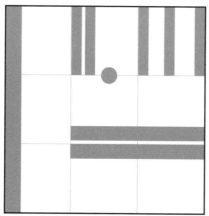
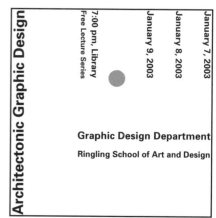

Architectonic Graphic Design

January 7, 2003

January 8, 2003

January 9, 2003

7:00 pm, Library
Free Lecture Series

Graphic Design Department

Ringling School of Art and Design

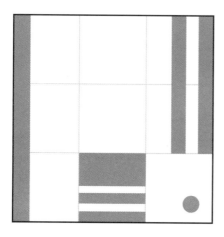

Architectonic Graphic Design

Graphic Design Department

Ringling School of Art and Design

January 7, 2003
January 8, 2003
January 9, 2003

7:00 pm, Library

Free Lecture Series

最长矩形置于版面正中间时, 会将版面构成平均分割, 缺乏不对称的趣味性。改变最长矩形元素在版面内部的位置, 会创造更加有趣的分割比例。

- 组合
- 虚空间
- 边线
- 轴线
- 三分法
- 圆的放置
- 行距
- 阅读导向

中等矩形, 两个都水平放置。由于两个矩形被安排为导向相同, 虚空间就较少, 也较简单, 很容易达到形式上的统一。

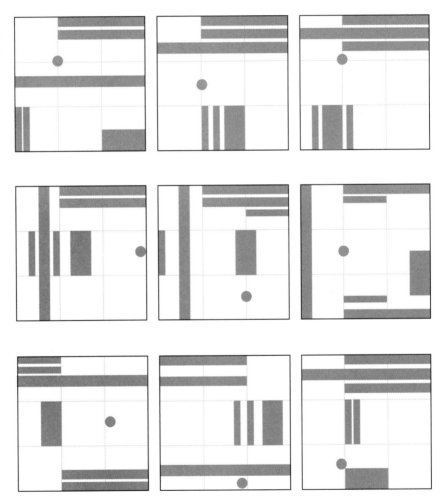

水平 / 垂直的构成

长矩形在内部的样例

- 组合
- 虚空间
- 边线
- 轴线
- 三分法
- 圆的放置
- 行距
- 阅读导向

中等矩形, 两个都水平放置
（接上页）

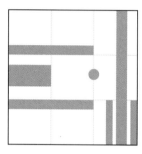 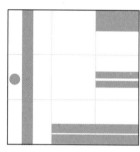 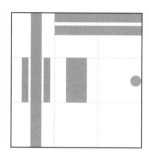

中等矩形, 两个都垂直放置。
由于两个矩形被安排为相同导
向, 虚空间就较少, 也较为简单。

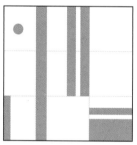 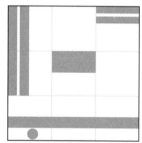 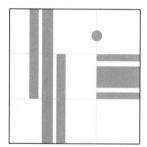

中等矩形, 一个水平放置, 一个
垂直放置。
当中等矩形沿着版面边线放置
时, 会形成最为简单的构成。当
中等矩形占据版面内部空间时,
构成形式就较复杂。

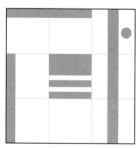 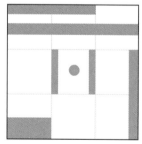 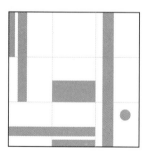

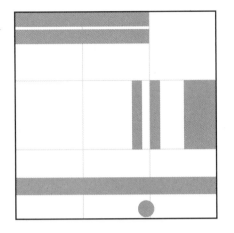

Ringling School of Art and Design

Graphic Design Department

January 7, 2003
January 8, 2003
January 9, 2003

7:00 pm, Library

Free Lecture Series

Architectonic Graphic Design

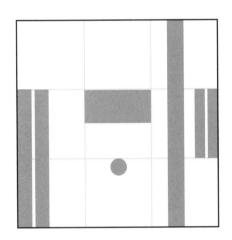

Architectonic Graphic Design

Free Lecture Series
7:00 pm, Library

January 7, 2003
January 8, 2003
January 9, 2003

Graphic Design Department
Ringling School of Art and Design

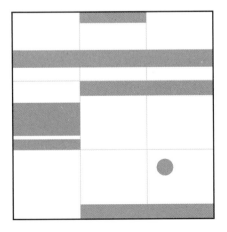

Free Lecture Series

Architectonic Graphic Design

Graphic Design Department

January 7, 2003
January 8, 2003
January 9, 2003
7:00 pm, Library

Ringling School of Art and Design

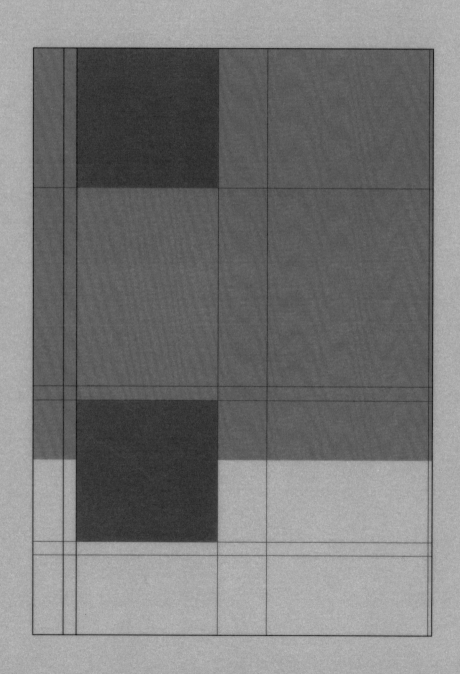

《艺术家在苏黎世赫尔姆霍斯美术馆》海报

里查德·P. 罗塞创作的《艺术家在苏黎世赫尔姆霍斯美术馆》海报，色彩和设计两方面都很醒目。它使用的是受人欢迎的红色和绿色的对比，但不是使用原绿色，而是使用柔和的绿色和鲜艳的红色相搭配。垂直字行所在的背景窗由白色矩形创造出来，而且在前景中做水平重复。粗红线段构成了前景文字的框架，并把两个文字块联结起来。

里查德·P. 罗塞，1950年

耐克ACG Pro销售目录

这是关于户外工作者和运动员应季服装销售目录的一些页面。文字内容在一个横跨对页的矩形中垂直放置。矩形中穿插着深浅不一的黄色垂直线段，上面印着产品的名称，阅读方向是自下而上。黄色垂直线段旁是商品介绍以及用黑体印出的商品型号和价格。垂直线段和内容跨越对页分割线，从左页延伸到右页。产品图片作为装饰穿插在矩形之间。

设计公司
耐克有限公司，俄勒冈州比弗顿市

创意指导
迈克尔·维尔丁

设计师
安杰洛·科利蒂，2002年

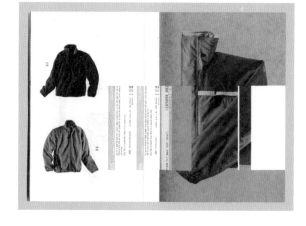

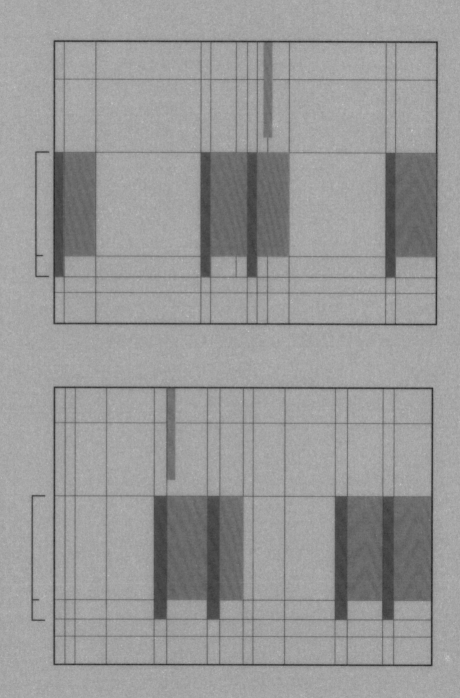

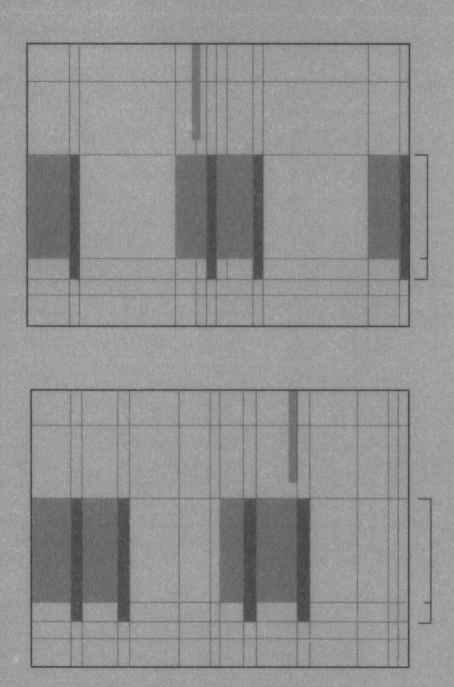

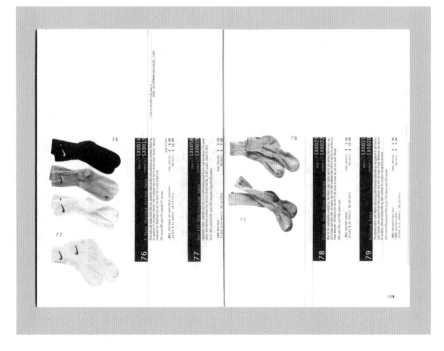

苏黎世大学150周年校庆海报设计

西格弗里德·奥德玛特和罗斯迈里·缇西——"奥德玛特和缇西"设计事务所,使用明亮、引人注意的色彩和讲究内部协调的构成对版式设计的经典结构进行了创新。这幅苏黎世大学150周年校庆的海报印在白纸上,只有蓝和黑两种颜色,但看起来色彩丰富而且生动活泼。字块被处理为不规则的形状,使得它们在页面上凸显出来。在极粗和极细间变化的波多尼字体垂直放置,与其余质朴的元素形成对比。垂直字体形成了一些垂直线条,这些线条与白色构成要素的右对齐线以及版面右下方黑色字行的左对齐线相吻合。放置在A两边和U中间的两个小圆点,作为符号也可产生令人愉悦的视觉效果。

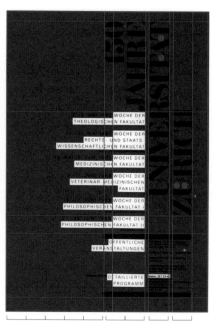

"奥德玛特和缇西"设计事务所,1983年

66

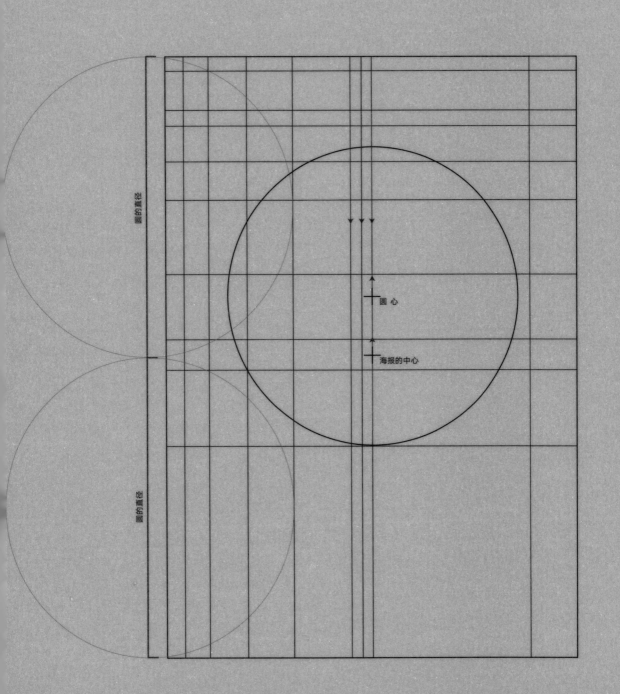

圆的直径

圆的直径

圆 心

海报的中心

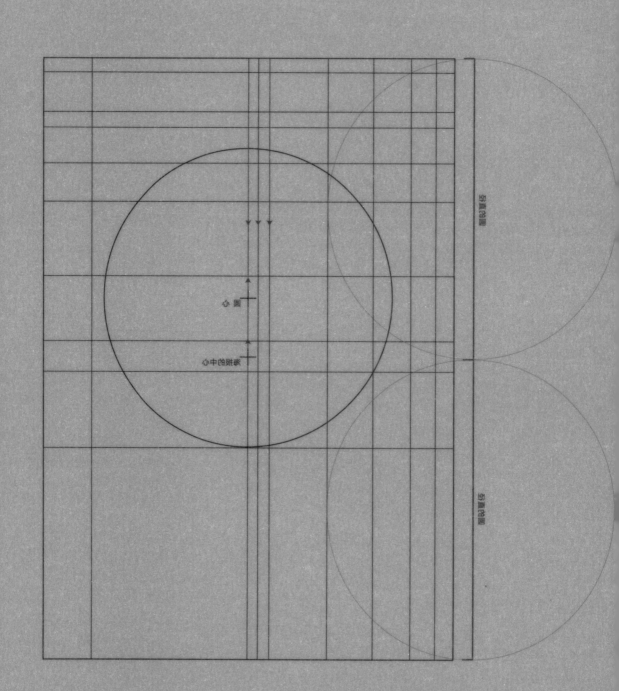

1992年度瑞士最佳海报

1992年度瑞士最佳海报也是由"奥德玛特和缇西"设计事务所设计的,它里面有一些令人感觉愉悦的微妙细节。白色的瑞士十字标志,与圆弧的顶部和底部在同一条垂直线上,同时和海报顶部文字的左边缘对齐。这个圆的直径是海报高度的一半。当人的目光顺着圆弧移动至页面下方再回到顶部时,页面顶部重复的细线和页面左边较粗的白线会产生一种节奏感。瑞士的十字标志作为一个轴点,当眼睛顺着水平、垂直以及圆弧形的方向观看时,会感受到形式上的协调统一。海报中瑞士十字标志的作用,与前面练习中圆的作用相类似。

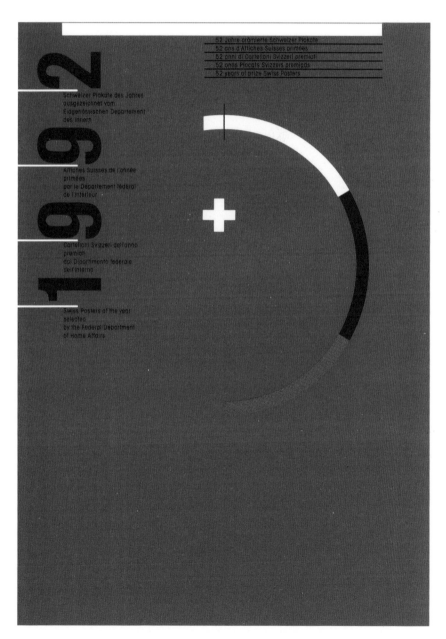

"奥德玛特和缇西"设计事务所,
1992年

夏季节日活动的对页设计

这张对页虽然在视觉导向上显得复杂, 但抽象的构成元素和内容依然清晰易读。由于两页的版式设计使用了相似的网格结构, 构成元素排列也近乎相同, 因此该对页虽被分开, 但视觉上仍是和谐统一的整体。四栏文字块的宽度相似, 顶部处在同一条水平线上。版面两侧是垂直排列的线段, 线段中是垂直放置的文字, 这种排列方式呈现出一种音乐的韵律感。

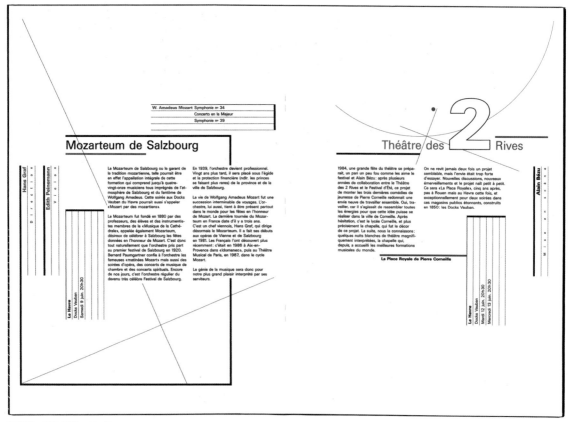

菲利普·埃皮罗格, 1990年

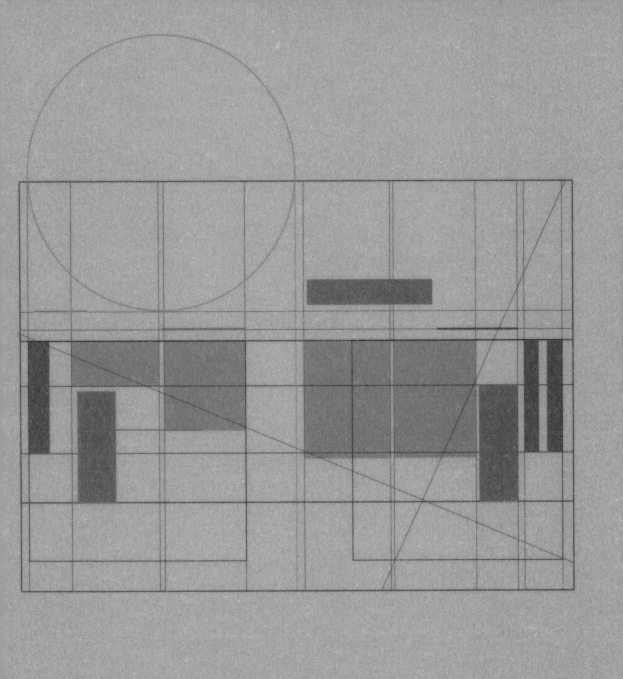

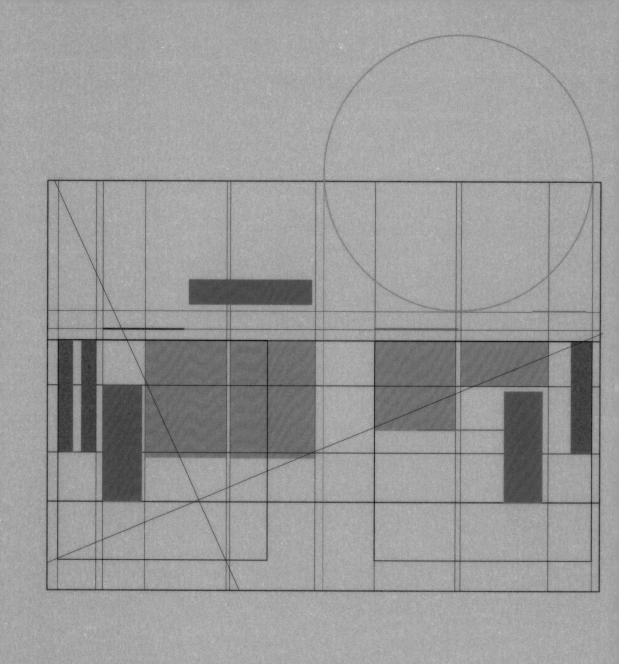

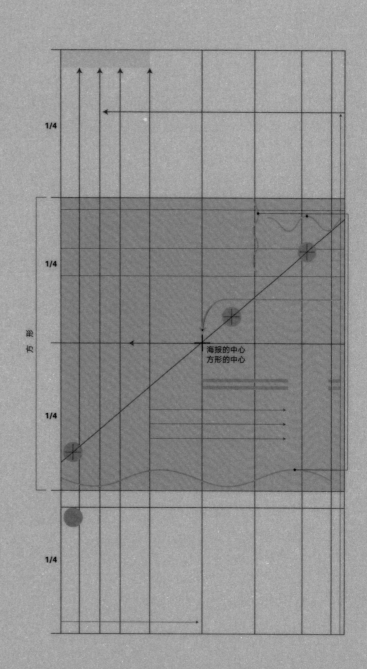

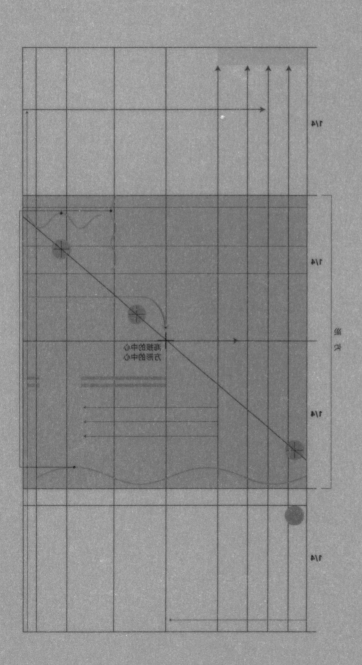

花式

1/4

1/4

1/4

1/4

花瓶的中心
燃烧的中心

哥伦比亚大学建筑与规划研究生院的海报

这张海报是由威尔·孔茨为哥伦比亚大学建筑与规划研究生院设计的。海报展示了历史建筑保护专业新的硕士学位课程。一张建筑细节的方形图片占据了前景,并与矩形版面形成了对比。抽象的构成元素、圆和波状线条与图片中显示的细节相呼应。

这张海报呈现出一种建筑之美,非常符合建筑学院的风格。垂直的字行形成三栏,与方形图像以及绿色空间形成对比。同时垂直字行与图像中的水平暗影以及版面顶部粗黑线中的三根垂直细线相呼应。这张海报中的每个构成元素的使用都带有目的性,并且和其他元素形成了视觉导向上的联系。

威尔·孔茨, 2000年

倾斜构成

最具动态性也最复杂的构成形式就是倾斜。由于构成元素的尺寸，3行3列的网格系统较难适应倾斜设计。要把构成要素的尺寸缩小15%才能适应版面，并增加构成的灵活性。

如果把一个缩小的3×3倾斜网格放置在版面中，设计师开始设计时，优先考虑的应该是边线和角，而不是正式的固定形式结构，尽管仍在网格系统中进行版面的组织和排列，但不像前面所讲的构成那样拘泥于其中了。

在该构成中，可以将构成元素呈45°或30°或60°角倾斜放置。另外，构成元素还可以顺时针或逆时针旋转，因此，构思排版的过程就更为复杂了。

最重要的一点是，每个构成元素的摆放要与其他构成元素之间有视觉导向上的联系。视觉上内部最为协调的构成，其元素有多种排列；而且，与前面的构成一样，没有任何元素是孤立的。需要指出的是，使用不规则的构成元素是个例外，一个构成元素的位置或其旋转方向在导向上与其他元素形成了冲突，也是例外。以上两类情况属于统一性中的多样性。

旋转45°

构成要素在尺寸上缩小15%（如右图所示），并被重新调整位置，从而更好地适应版面。

45°倾斜

构成元素可以顺时针或逆时针旋
转，呈45°倾斜放置。

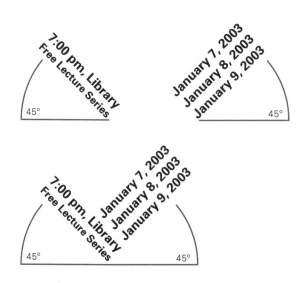

30°或60°倾斜

构成元素可以呈30°倾斜或者
60°倾斜放置。

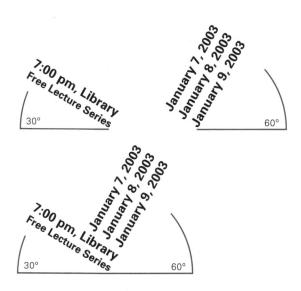

倾斜构成的训练方法和设计思路

倾斜构成是这一系列练习中最为复杂的。构成元素可以被处理为视觉导向一致或视觉导向冲突，由此形成的空白空间都是三角形的。3×3网格系统在方形版面中的位置是可变的，而且利用版面的四边能够创造出张力。

构成元素导向完全相同的设计，以下面的45°倾斜构成和30°倾斜构成为例，由于所有元素的阅读导向相同，所以有一种协调感。构成元素导向冲突的设计，因导向的冲突而增加了视觉冲击力，例如下图45°与45°的冲突倾斜构成，以及30°与60°的冲突倾斜构成。

强调:
- 组合
- 虚空间
- 边线
- 轴线
- 三分法
- 圆的放置
- 行距
- 阅读导向
- 边线张力

倾斜构成

网格系统的放置

任何一个构成元素都可以靠近版面的边线来放置，由此可产生视觉张力。

系列1, 2, 3, 4

　　强调:
- 组合
- 虚空间
- 边线
- 轴线
- 三分法
- 圆的放置
- 行距
- 阅读导向
- 边线张力

由于边线张力的存在，所有的构成特性都得到了强调。把构成元素靠近边线放置就可能产生边线张力。

系列1，同一导向45°

系列2，冲突的导向
45°与45°的冲突

系列3，同一导向30°或60°

系列4，冲突的导向
30°与60°的冲突

倾斜构成

由于网格系统和构成元素的尺寸被缩小为原来的85%，并且被倾斜放置，所以网格系统和构成元素在方形版面中就有多种放置方法。将构成元素放置在边线附近，并将圆置于恰当的位置，就可能产生张力。

网格系统的位置

由于倾斜的动态性质，当倾斜的构成要素靠近一条边线时，整个构成也会呈现动态性；而圆作为起点或者终点时，可以强化这种动态特征。

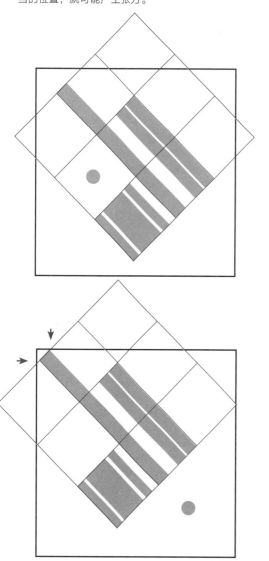

没有张力

构成放置在方形版面内，但浮在版面中间，版面四边附近都是虚空间。

张力出现在左上角

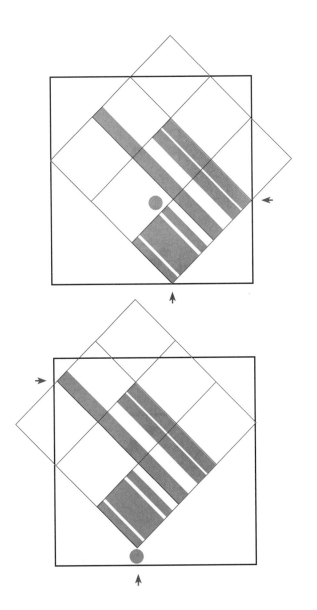

张力在右边和底边

圆放在底边，产生了张力

45°倾斜的矩形构成元素指向版面的角, 由此产生的虚空间, 主要是一些对称的45°-90°-45°等腰三角形 (例图如下)。由于它们的边和版面的边线重合, 所以这些等腰三角形被版面所固定, 再加上三角形的虚空间重复出现, 因此该构成是协调的。

当确定矩形被45°倾斜放置时, 首先要考虑就是: 顺时针还是

逆时针旋转。在矩形构成元素被用文字替代之前, 以上两种旋转得出的导向结果实质相同。然而, 当字行替代了灰色矩形后, 则会出现不同的阅读导向。如果顺时针方向旋转45°, 是从左上方向右下方阅读 (见下页顶部一排); 如果逆时针方向旋转45°, 则是从左下方向右上方阅读 (见下页中间一排)。由于绝大多数阅读导向是从页面的左上角开始, 所以顺时针方向旋转后的阅读会稍感轻松一点。

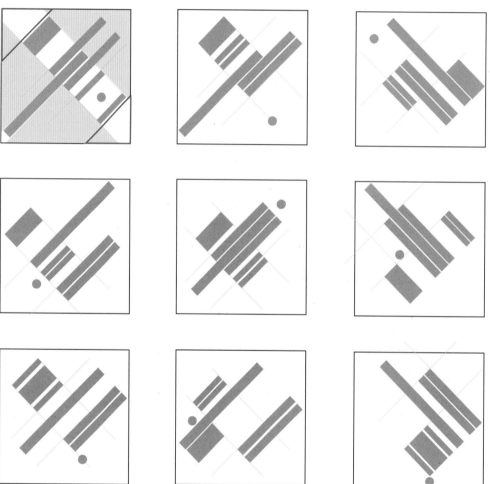

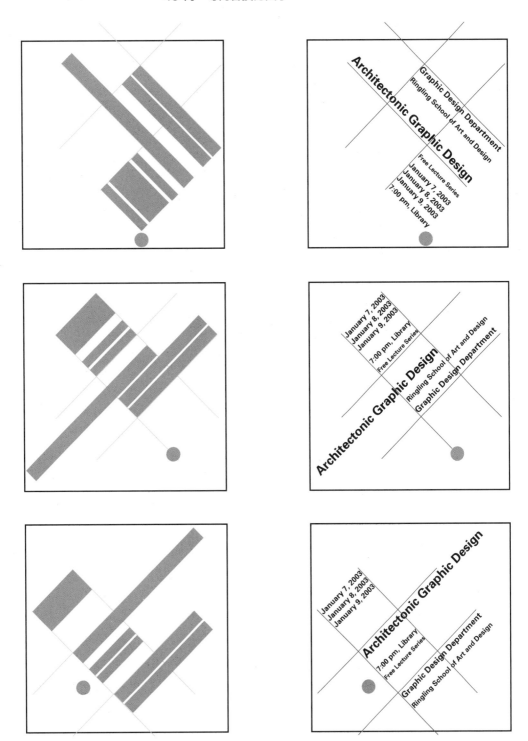

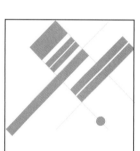

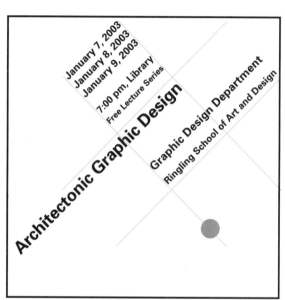

Architectonic Graphic Design

Graphic Design Department
Ringling School of Art and Design

January 7, 2003
January 8, 2003
January 9, 2003

7:00 pm, Library
Free Lecture Series

Ringling School of Art and Design
Graphic Design Department

Architectonic Graphic Design

7:00 pm, Library
January 7, 2003
January 8, 2003
January 9, 2003
Free Lecture Series

45°与 45°的冲突导向样例

所谓冲突导向的构成，即顺时针方向旋转后的矩形与逆时针方向旋转后的矩形组合在一起。由于虚空间被两种不同导向的构成要素所分割，形式也就更加复杂、有趣和生动。虚空间则由隐藏的三角形和频繁相交的矩形所组成。

- 组合
- 虚空间
- 边线
- 轴线
- 三分法
- 圆的放置
- 行距
- 阅读导向
- 边线张力

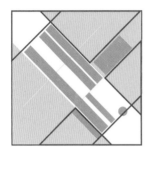  

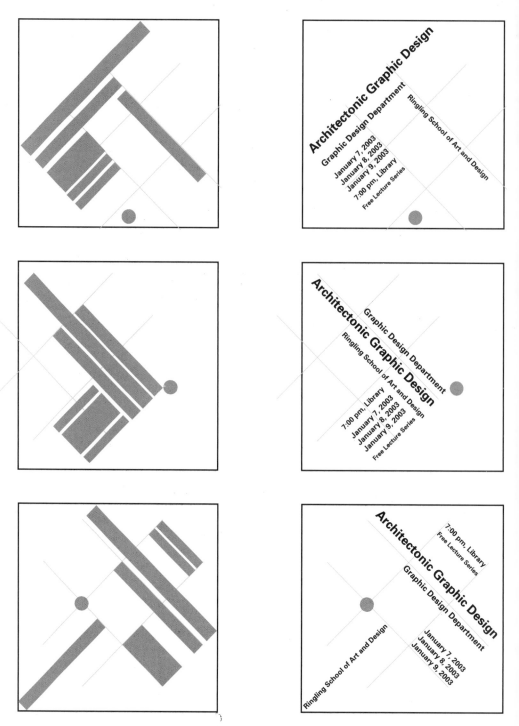

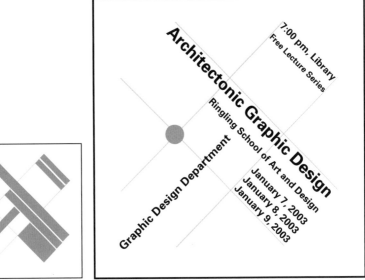

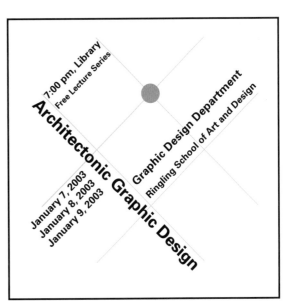

倾斜构成

不同于45°倾斜构成——它的虚空间为等腰三角形, 30°和
60°倾斜构成中出现的三角形是30°-60°-90°的直角三角
形。由于它们的顶角角度更小, 而且不对称, 所以这些直角三
角形动感更强。

- 组合
- 虚空间
- 边线
- 轴线
- 三分法
- 圆的放置
- 行距
- 阅读导向
- 边线张力

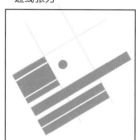
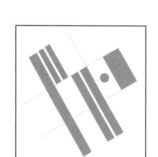

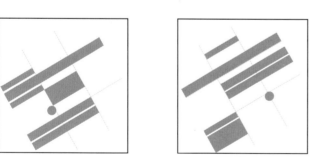
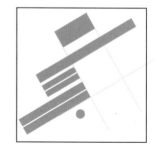

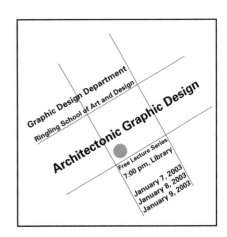

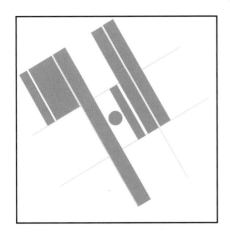

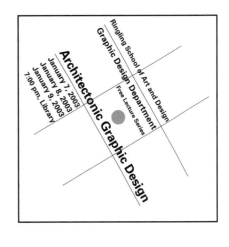

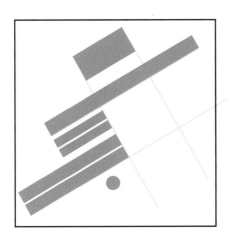

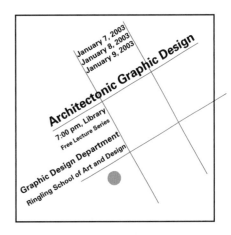

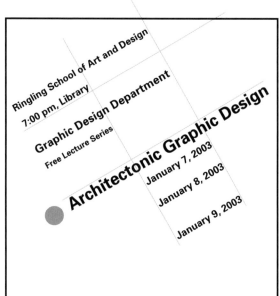

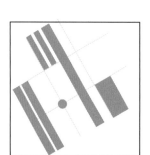

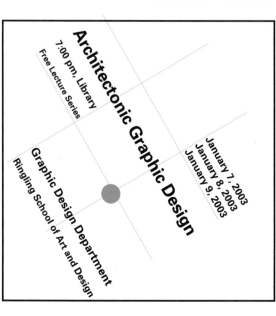

30°或60°的冲突导向样例

冲突导向的构成形式，即顺时针方向旋转30°或60°的矩形，与逆时针方向旋转30°或60°的矩形，二者组合在一起。与45°倾斜构成相似，由于虚空间被两种不同角度不同导向的元素所分割，所以冲突导向的构成也常常更加复杂、有趣和生动。其中，虚空间是一些隐藏的三角形和频繁相交或重叠的矩形。

- 组合
- 虚空间
- 边线
- 轴线
- 三分法
- 圆的放置
- 行距
- 阅读导向
- 边线张力

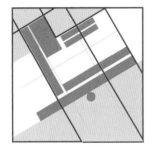  

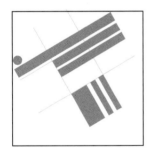 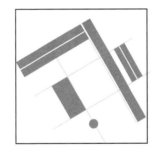 

  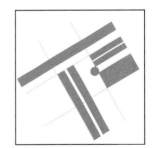

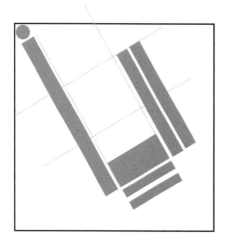
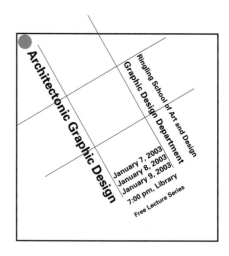

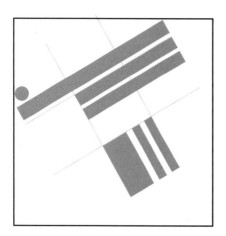
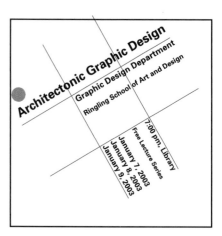

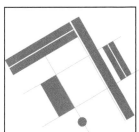

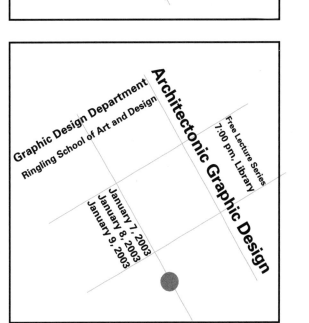

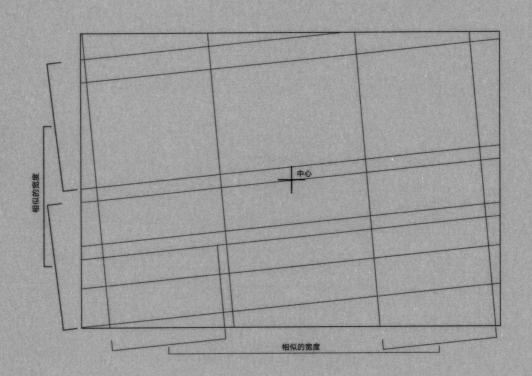

相似的宽度

相似的宽度

中心

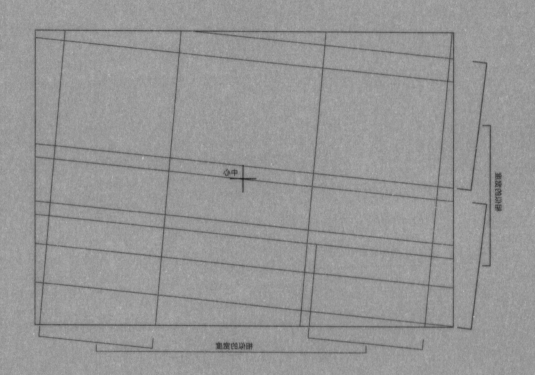

中心

相似的宽度

拍摄的宽度

康定斯基的海报

赫伯特·拜尔是瓦西里·康定斯基在包豪斯教书时的学生,瓦西里·康定斯基60岁生日时举办了一次画展,他为那次画展创作了这张海报。

由于当时这张海报一定要用凸版印刷机来印刷,所以它必须是水平的构成。通过数字图像处理,这张海报被旋转成为水平的,尽管水平构成的海报也很吸引人,但相比之下,倾斜构成的海报的动态特征更为明显。

海报使用了原色、无衬线字体和红色的矩形线段作为组织和强调的手段,这与构成主义者的原则相符。倾斜的印刷方式使得这张海报别具一格且引人注目。由于这张海报使用了凸版印刷,并且印有照片,所以可能是用水平或垂直的封闭凸版印刷系统,在印刷时旋转了7.5°而成。

赫伯特·拜尔, 1926年

水平的版本
康定斯基海报的原版本(上图),通过数字化处理变成了水平的版面,可以将它与原版本进行比较。

《广告机械》的一页
《下一个电话》的一页

亨里克·伯利威是一位波兰的设计师,他深受伊尔·利斯兹克1922年在华沙举办的一系列讲座的影响。迁到柏林后,开始进行一系列版式设计的试验,用"机械构成主义"对几何图形和原色进行组合。《广告机械》是伯利威的广告代理公司的一本同名小册子中的一幅作品。这本小册子中的作品所呈现的都是二维空间,空间中将几何学、数学中的元素与文字信息交织在一起。

H.N.沃克曼也痴迷于印刷和版式设计,他说:"与绘画相比,印刷提供了更多的可能,它使人能够更自由更直接地表达自我。"这就导致了一种更接近于绘画而不注重传达功能的设计试验,而无论是在当时还是现在,传达功能才是版式设计的重要目的。

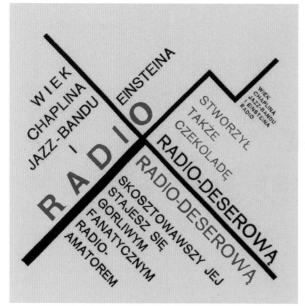

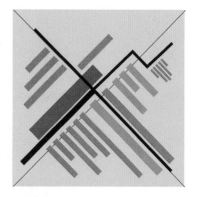

抽象版本
左边这个原先的版本被简化为右边这个黄色背景下的一系列矩形。

亨里克·伯利威,1924年

H.N.沃克曼,1924年

《民族报》（报纸）系列海报

卡尔·格斯特纳这张极度简洁的National Zeitung海报，是瑞士国际风格的完美体现。这种风格始于1950年，与早期的包豪斯作品相似，也是注重不对称、突出功能以及使用无衬线字体的版式，讲究视觉组织，没有装饰图案。

格斯特纳为《民族报》设计的海报，清晰简洁地展现了它的报道范围：当地新闻、国内新闻和国际新闻。这个倾斜的网格系统，因单词"Zeitung"的90°旋转而变得引人注目，并使得N也可以当作Z用。各个单词中，字母的重复和排列构成了一种图案效果；四个单词的最后一个字母"l"排列在一起形成了一条长线，突出了倾斜关系；单词"Local"的第一个L和其他三个单词中的字母"i"也排列成一条直线，体现了整齐划一的组织形式；最后，单词"international"的第一个字母i上面的那一点，非常接近海报的左边缘，产生了视觉张力。

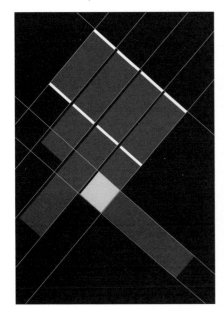

卡尔·格斯特纳，1960年

弗莱堡市剧院海报标题页的构成分析

这些变化的倾斜网格由埃米尔·鲁德设计，并收录在他的《版式设计》一书中。鲁德在瑞士巴塞尔一家设计学校担任版式设计教学，他在课堂上倡导功能可读性和体系化的版式设计结构。下面的例图显示了在和谐的倾斜网格内一些可能的变化。

同本书中的其他练习一样，这个构成分析也被限定为用同一种字体、同一种字号和相同的规格来传达相同的信息。所有构成元素都在一个20°倾斜的网格系统内进行排版。由于版面为矩形，所以可以灵活调整字行的长度。各组文字可以靠近版面的任何一条边，这样文字和边缘之间就很容易产生张力。字行可以拆分为1个、2个或3个单词，但需控制好阅读导向。

埃米尔·鲁德, 1977年

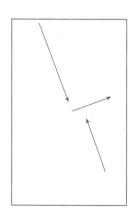 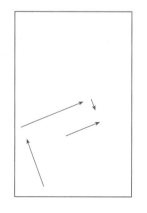 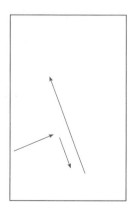 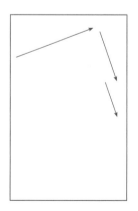

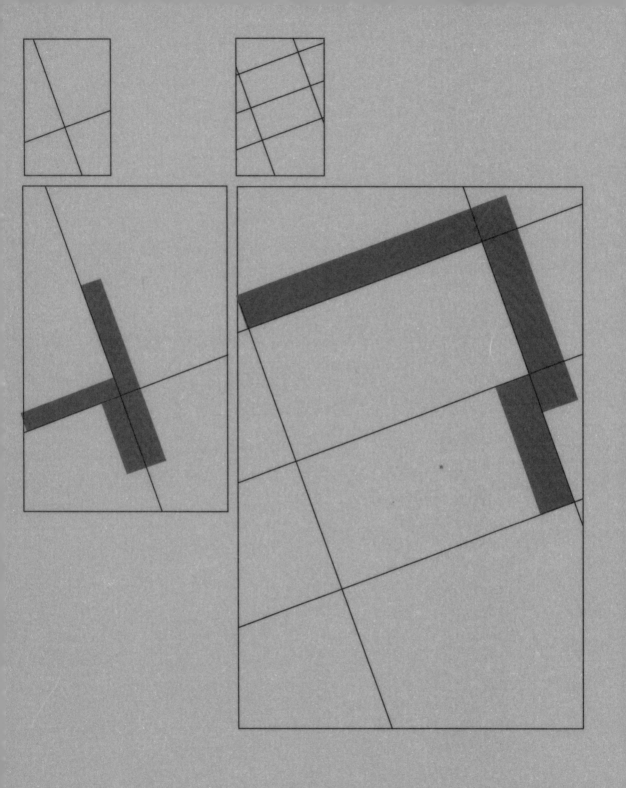

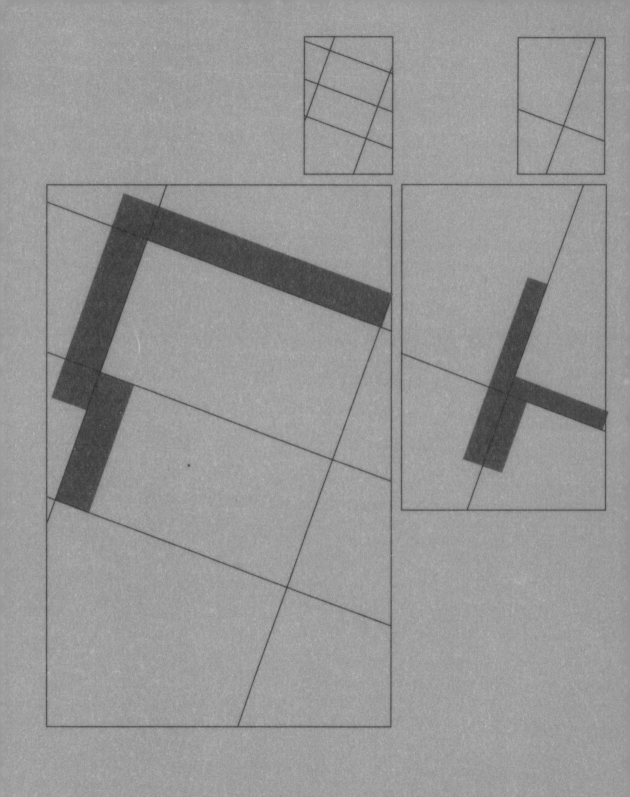

威尔·孔茨在瑞典出生并在那里接受教育，从1970年开始定居于美国。在他的《版式设计：极大+极小的美学》一书中，他按年代把自己的作品以及设计思想，还有教授版式设计的教学思路都编入其中。孔茨写道："版式设计依赖于两种美学范畴：极大（清楚、明显）和极小（细微、精密，也许只被观赏者下意识感知）。"尽管这张海报的设计很复杂，信息传达却很清晰。由于内部构成元素的形状、角度和颜色各不相同，使得这张海报的内部构成看起来似乎不太协调统一。然而，把这张海报分为三个层级，就像孔茨在《版式设计》一书中对另一张海报所做的处理那样，我们就可以揭示出其内部构造。

第一个层次的形式由许多小细线组成，从顶部到底部形成了一系列锐角三角形。这一层次的作用相当于构成的黏合剂，与其他的层次相连接。这张海报的每个层次都是一个独立的内部协调的构成，当它们组合在一起时，就会相互支撑、相互统一。

第二个层次由许多最亮的橘红色矩形和圆形组成。水平的橘红色矩形从上至下排列，它们的角度依次发生改变，同时长度不断增加。版面左右两边两条窄长的橘红色矩形增加了构成的稳定性，两条较短的垂直矩形置于底部作为呼应。

第三个层次由文字信息组成。这些信息依据其内容组合在一起，有的甚至改变了放置的角度，以便于阅读。每组信息形式不同，其中较重要的信息使用粗体字。包含演讲者的姓名、演讲日期以及本人简介的四组文字块使用相同的文字排版方式。这种体系使得信息阅读起来更为容易，更易理解。正是这种统一中蕴含多样性的设计方法，才使得构成如此协调。

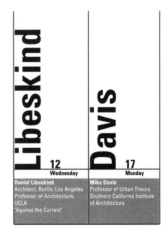

体系化的组合

每一组名字都被组织成相同大小、字号和颜色的同一体系。

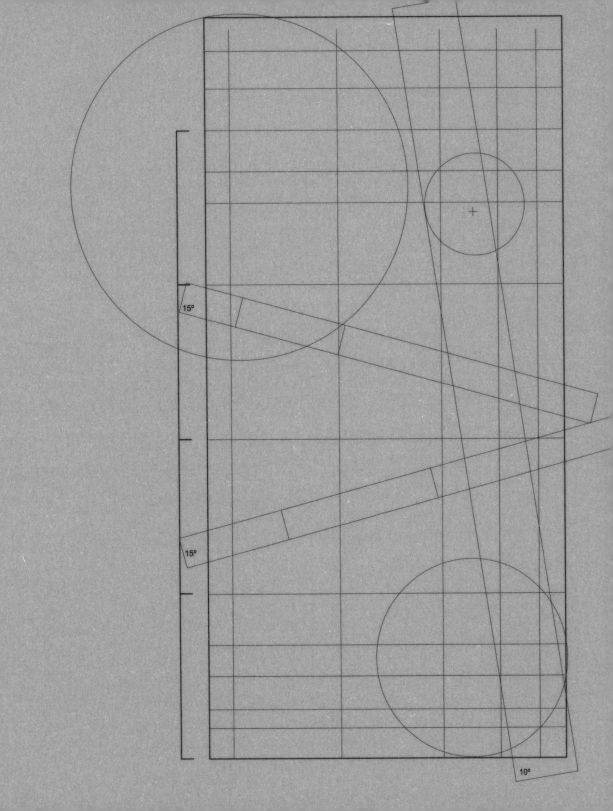

15º

15º

10º

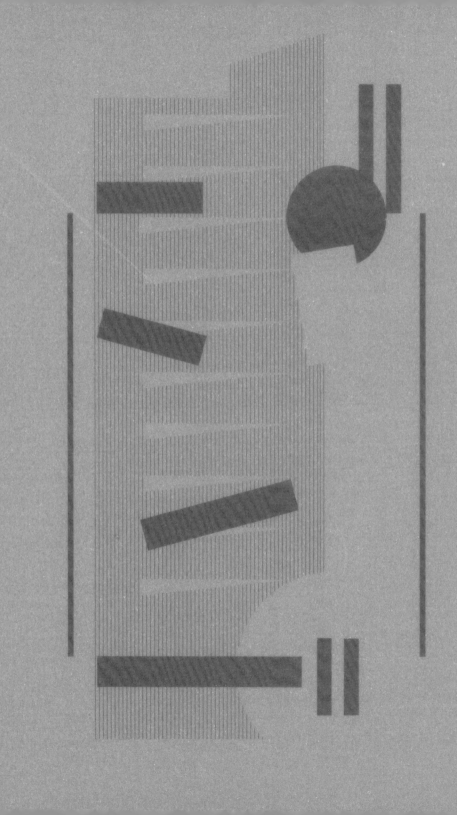

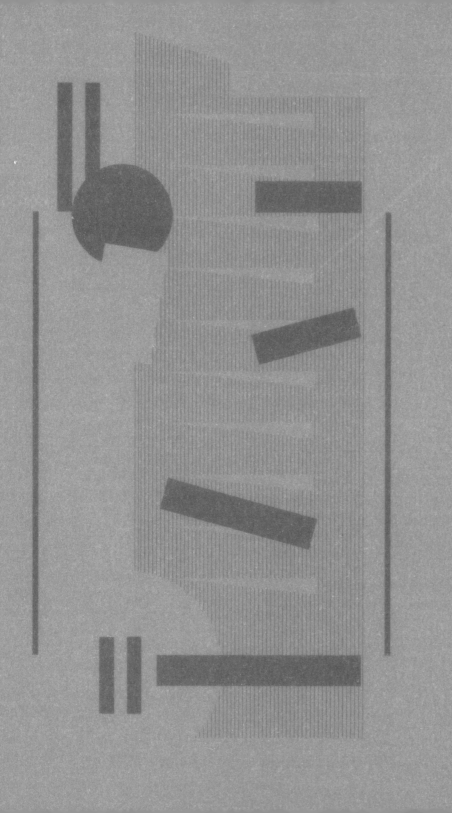

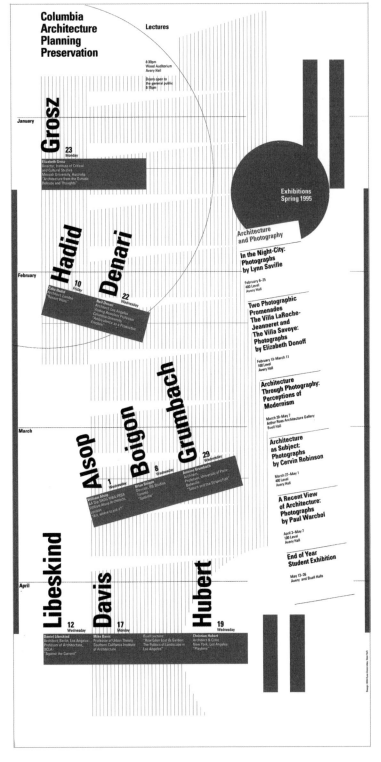

威尔·孔茨, 1995年

版式设计的层次

所有信息的视觉传达都有一个层次顺序，即依据信息的重要性来安排阅读顺序。在开始设计之前，设计师必须为信息中的所有要素做出合理的层次顺序安排，前提是知晓并理解信息的内容。组织好信息内容后，设计师就可以理性地用视觉设计来体现和强化该层次顺序。在本系列的案例中，

学生要选择一个历史事件，并给它加上标题和一小段介绍。每一个历史事件都必须包括标题、日期、年份和一段相关介绍，而且要使用同一种字体、字号、字形和颜色。通过有意识地为信息内容排序，学生可以探索文字要素的位置与层次关系可变性之间的联系。

视觉信息内容

标题　　艾滋病病毒的确认

日期　　4月23日

年份　　1984年

内容　　1984年4月23日，联邦研究员宣布确认了一种引发获得性免疫缺陷综合征（即AIDS）的病毒。这种疾病能够摧毁人体自然的免疫系统，并且被认为基本上无法医治。在艾滋病病毒被发现并确认之前，据估计已有4000名美国人死于该疾病。

凯茜·阿扎达，1996年

版式设计的层次　　　　　　　　行距

对该历史事件进行内容上的排版设计时，会发现影响文本组织的一些基本要素。文本的初始行距为自动行距——电脑上的默认值，即字体大小的百分之二十。通过重复和试验，文本形式会发生明显的变化，并随之带来明显的视觉感受上的变化，以及意义和可读性上的变化。

Identification of a virus
thought to cause Acquired
Immunodeficiency Syndrome
(AIDS) was announced by
federal researchers on April
23, 1984. The disease destroys
the body's natural immune
system and is considered to
be ultimately fatal. By the
date of discovery, AIDS was
estimated to have killed 4,000
Americans.

8/9.6默认值行距

Identification of a virus
thought to cause Acquired
Immunodeficiency Syndrome
(AIDS) was announced by
federal researchers on April
23, 1984. The disease destroys
the body's natural immune
system and is considered to
be ultimately fatal. By the
date of discovery, AIDS was
estimated to have killed 4,000
Americans.

8/7.5缩小行距

窄行距形成了紧密的肌质，降低了可读性。

Identification of a virus
thought to cause Acquired
Immunodeficiency Syndrome
(AIDS) was announced by
federal researchers on April
23, 1984. The disease destroys
the body's natural immune
system and is considered to
be ultimately fatal. By the
date of discovery, AIDS was
estimated to have killed 4,000
Americans.

8/12加宽行距

Identification of a virus
thought to cause Acquired
Immunodeficiency Syndrome
(AIDS) was announced by
federal researchers on April
23, 1984. The disease destroys
the body's natural immune
system and is considered to
be ultimately fatal. By the
date of discovery, AIDS was
estimated to have killed 4,000
Americans.

8/15超宽行距

宽行距形成了疏松的肌质。

排列

设计师可以选择使用标准的段落排列方式，如左对齐、右边对齐、中间对齐或两边对齐。每款文字处理软件都自带段落对齐的功能。设计师也可以组合使用对齐方式，或单独对某一对齐方式进行调整。

左边对齐、右边不对齐的对齐方式，通常被认为是最易读的排列形式。这种排列下的文字间距较均衡，不会出现两边都

对齐导致的字距改变。读者每次阅读完一行字时，视线都能回到垂直的左边线上，这就增强了阅读的韵律感。两边都对齐的排列，形成了一个整齐的矩形轮廓，看起来很舒服。

两边都对齐时，电脑会自动调整每一行的字距，但当一个单词由于拼写原因不能被拆开时，就会产生不均匀的字距（如右下方图示）。

Identification of a virus
thought to cause Acquired
Immunodeficiency Syndrome
(AIDS) was announced by fed-
eral researchers on April 23,
1984. The disease destroys
the body's natural immune
system and is considered to
be ultimately fatal. By the
date of discovery, AIDS was
estimated to have killed 4,000
Americans.

左边对齐的排列

Identification of a virus
thought to cause Acquired
Immunodeficiency Syndrome
(AIDS) was announced by fed-
eral researchers on April 23,
1984. The disease destroys
the body's natural immune
system and is considered to
be ultimately fatal. By the
date of discovery, AIDS was
estimated to have killed 4,000
Americans.

右边对齐的排列

Identification of a virus
thought to cause Acquired
Immunodeficiency Syndrome
(AIDS) was announced by fed-
eral researchers on April 23,
1984. The disease destroys
the body's natural immune
system and is considered to
be ultimately fatal. By the
date of discovery, AIDS was
estimated to have killed 4,000
Americans.

中间对齐的排列

Identification of a virus
thought to cause Acquired
Immunodeficiency Syndrome
(AIDS) was announced by
federal researchers on April
23, 1984. The disease destroys
the body's natural immune
system and is considered to
be ultimately fatal. By the
date of discovery, AIDS was
estimated to have killed 4,000
Americans.

两边对齐的排列
淡红色的小矩形是正常字距的宽度，也显示了由于两边对齐而产生的字距的加宽和不均匀。

构成

制约因素：
- 字体
- 字号
- 字形
- 左边对齐，右边对齐
  或两边对齐

可变因素：
- 位置
- 行距
- 字距
- 字母间距
- 排列

Identification
of the
AIDS Virus

April 23

1984

Identification of a virus thought to cause Acquired Immunodeficiency Syndrome (AIDS) was announced by federal researchers on April 23, 1984. The disease destroys the body's natural immune system and is considered to be ultimately fatal. By the date of discovery, AIDS was estimated to have killed 4,000 Americans.

变化1，层次

第一层次：标题
第二层次：日期
第三层次：年份
第四层次：文字

Identification of the AIDS Virus

April 23

1984

Identification of a virus thought to cause Acquired Immunodeficiency Syndrome (AIDS) was announced by federal researchers on April 23, 1984. The disease destroys the body's natural immune system and is considered to be ultimately fatal. By the date of discovery, AIDS was estimated to have killed 4,000 Americans.

变化2，层次

第一层次：标题
第二层次：日期
第三层次：年份
第四层次：文字

Identification
of the AIDS Virus

Identification of a virus thought to cause Acquired Immunodeficiency Syndrome (AIDS) was announced by federal researchers on April 23, 1984. The disease destroys the body's natural immune system and is considered to be ultimately fatal. By the date of discovery, AIDS was estimated to have killed 4,000 Americans.

April 23, 1984

变化3，层次

第一层次：标题
第二层次：文字
第三层次：日期
第四层次：年份

Identification
of the
AIDS
Virus

April 23

1984

Identification of a virus thought to cause Acquired Immunodeficiency Syndrome (AIDS) was announced by federal researchers on April 23, 1984. The disease destroys the body's natural immune system and is considered to be ultimately fatal. By the date of discovery, AIDS was estimated to have killed 4,000 Americans.

变化4，层次

第一层次：标题
第二层次：日期
第三层次：年份
第四层次：文字

1 9 8 4

Identification
of the
AIDS Virus April 23

Identification of a virus thought
to cause Acquired Immunodefi-
ciency Syndrome (AIDS) was an-
nounced by federal researchers
on April 23, 1984. The disease
destroys the body's natural im-
mune system and is considered
to be ultimately fatal. By the
date of discovery, AIDS was
estimated to have killed 4,000
Americans.

变化5, 层次

第一层次: 年份
第二层次: 标题
第三层次: 日期
第四层次: 文字

Identification of a virus thought
to cause Acquired Immunode-
ficiency Syndrome (AIDS) was
announced by federal research-
ers on April 23, 1984. The dis-
ease destroys the body's April 23
1984

Identification of the AIDS Virus

natural immune system and
is considered to be ultimately
fatal. By the date of discovery,
AIDS was estimated to have
killed 4,000 Americans.

变化6, 层次

第一层次: 日期
第二层次: 年份
第三层次: 文字
第四层次: 标题

1 9 8 4

Identification of a virus
thought to cause Acquired
Immunodeficiency Syndrome
(AIDS) was announced by
federal researchers on April
23, 1984. The disease destroys
the body's natural immune
system and is considered to be
ultimately fatal. By the date of
discovery, AIDS was estimated
to have killed 4,000 Americans.

Identification
of the AIDS Virus

April 23

变化7, 层次

第一层次: 年份
第二层次: 文字
第三层次: 标题
第四层次: 日期

Identification of a virus thought
to cause Acquired Immuno-
deficiency Syndrome (AIDS)
was announced by federal re-
searchers on April 23, 1984. The
disease destroys the body's
natural immune system and
is considered to be ultimately
fatal. By the date of discovery,
AIDS was estimated to have
killed 4,000 Americans.

April 23, 1984

Identification of the AIDS Virus

变化8, 层次

第一层次: 文字
第二层次: 日期
第三层次: 年份
第四层次: 标题

版式设计的层次

在涉及层次问题时，要考虑到文字元素的位置、字体、间距和栏宽。抽象元素同样也对层次产生影响。所谓抽象元素通常是没有意义的几何形状，例如被称作线段的矩形线条，如下面的图例所示。使用抽象要素有三个原因：1. 强调，2. 组织，3. 平衡。当抽象要素发挥了这些功能时，文字信息会得到支撑，意义得到加强。当抽象要素不承担以上功能时，它们就变成了装饰元素，并把注意力从有意义的文字信息那里吸引过来。

线段和抽象要素

线段作为抽象元素使用时，要考虑构成的结构。在下面的图例中，线段的长度由字行的长度决定，线段宽度的变化则是为了强调层次，线段由粗到细的变化产生一种韵律感，并使目光在页面上流动。

Contemporary American Photographers

The Museum of Modern Art

June 12–15, 2001

Contemporary American Photographers

The Museum of Modern Art

June 12–15, 2001

Contemporary American Photographers

The Museum of Modern Art

June 12–15, 2001

Contemporary American Photographers

The Museum of Modern Art

June 12–15, 2001

Contemporary American Photographers

The Museum of Modern Art

June 12–15, 2001

Contemporary American Photographers

The Museum of Modern Art

June 12–15, 2001

圆是最有视觉冲击力的几何形状，视线不可避免地会被圆吸引，甚至很小的圆都会吸引相当的注意力。所以，圆的使用必须小心、克制，这样才不会让圆的夺目盖过整个构成。与线段一样，圆大小的改变和重复出现，也会产生韵律并且引导视线的流动。大一点的圆可以把注意力引向一个单词的一部分或者整个单词。

- Contemporary American Photographers
- The Museum of Modern Art
- June 12–15, 2001

● Contemporary American Photographers
● The Museum of Modern Art
- June 12–15, 2001

Contemporary American Photographers
The Museum of Modern Art
June 12–15, 2001

Contemporary American Photographers
The Museum of Modern Art
June 12–15, 2001

Contemporary American Photographers
The Museum of Modern Art
June 12–15, 2001

Contemporary American Photographers
The Museum of Modern Art
June 12–15, 2001

在层次练习之后，学生应该敏锐地意识到设计中各个要素对于创造层次感的重要性。下一阶段的学习重点放在构成的内部对比上，设计者将会有更多的选择而非制约。虽然构成的复杂性增加了，但设计的动态感和生动性也随之增加了。

构成的内部的图像也同样存在着层次，本书最后阶段的设计学习将文字和图像结合起来，利用基本的图像来巩固和强化中心意义。

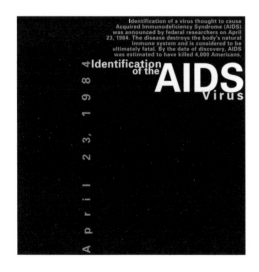

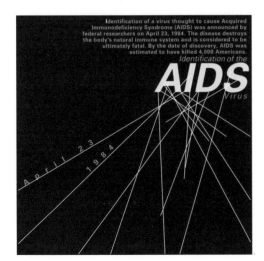

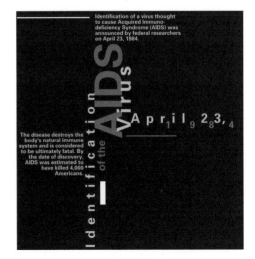

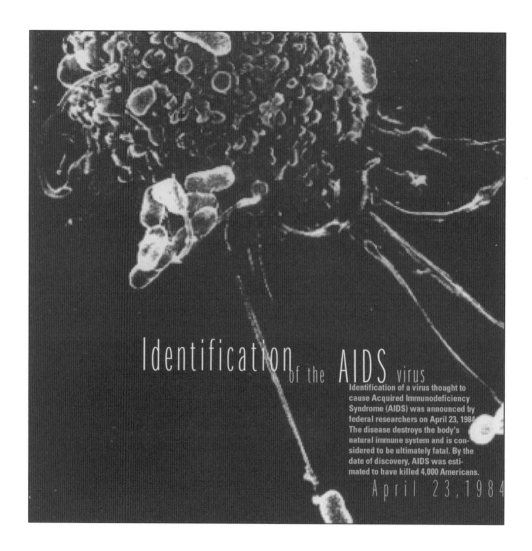

视觉信息内容

标题	古巴共产主义革命的开始
日期	1月1日
年份	1959年
内容	1959年1月1日，菲得尔·卡斯特罗发起了古巴革命。那一天，他到达古巴东部的马埃斯特拉山区，在山区开始领导对巴蒂斯塔政权的游击战。这就是卡斯特罗推翻政府的地下运动的开始。

佩德罗·佩雷斯，1996年

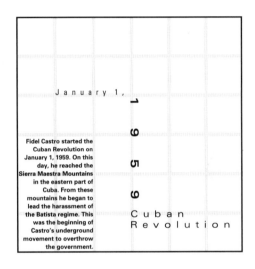

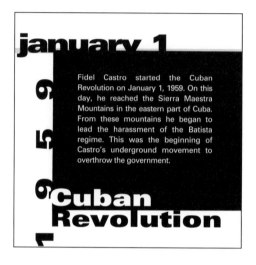

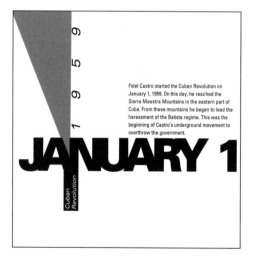

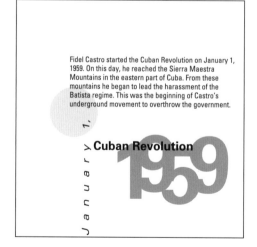

Fidel Castro started the Cuban Revolution on January 1, 1959. On this day, he reached the Sierra Maestra Mountains in the eastern part of Cuba. From these mountains he began to lead the harassment of the Batista regime. This was the beginning of Castro's underground movement to overthrow the government.

January 1,

nineteen59

Cuban Revolution

Fidel Castro started the Cuban Revolution on January 1, 1959. On this day, he reached the Sierra Maestra Mountains in the eastern part of Cuba. From these mountains he began to lead the harassment of the Batista regime. This was the beginning of Castro's underground movement to overthrow the government.

1959

January 1,

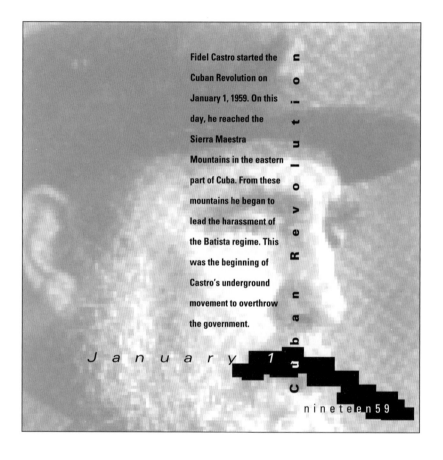

Fidel Castro started the Cuban Revolution on January 1, 1959. On this day, he reached the Sierra Maestra Mountains in the eastern part of Cuba. From these mountains he began to lead the harassment of the Batista regime. This was the beginning of Castro's underground movement to overthrow the government.

Cuban Revolution

January 1

nineteen59

january 1, 1959

the beginning of communism in cuba

Fidel Castro started the Cuban Revolution on January 1, 1959. On this day, he reached the Sierra Maestra Mountains in the eastern part of Cuba. From these mountains he began to lead the harassment of the Batista regime. This was the beginning of Castro's underground movement to overthrow the government.

视觉信息内容

标题　李维斯牛仔裤成为时尚

日期　9月16日

年份　1946年

内容　李维·斯特劳斯在淘金热时期使用粗帆布给矿工们
制作短裤，在这之后，牛仔裤就成了干粗活时候
穿的裤子。第一次世界大战期间，由于人们寻找结
实、舒服的服装，对牛仔裤的需求也增加了。1946
年，李维斯把牛仔裤引入零售市场，并在牛仔裤后
面右边的口袋上贴上红色商标作为特色。

克里斯蒂娜·阿尔基拉，1997年

Levi's Become Fashion
1 9 4 6

September 16

After Levi Strauss introduced rough
canvas pants for miners during the
gold rush, jeans became the trousers
for tough work. During World War I,
the demand increased, since people
were looking for a sturdy, comfortable
garment. In 1946 the Levi Strauss Co.
introduced jeans in the retail market
that were characterized by a red label
on the rear right-side pocket.

1 9 4 6

September　16

Levi's Become Fashion

After Levi Strauss
introduced rough
canvas pants for
miners during the
gold rush, jeans
became the trousers
for tough work. Dur-
ing World War I, the
demand increased,
since people were
looking for a sturdy,
comfortable gar-
ment. In 1946 Levi's
introduced jeans
in the retail market
that were character-
ized by a red label on
the rear right-side
pocket.

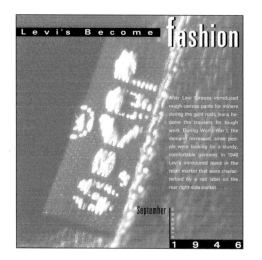

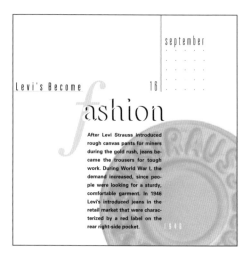

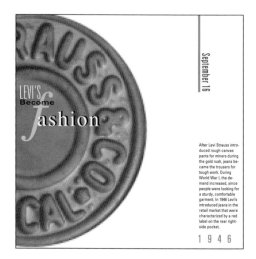

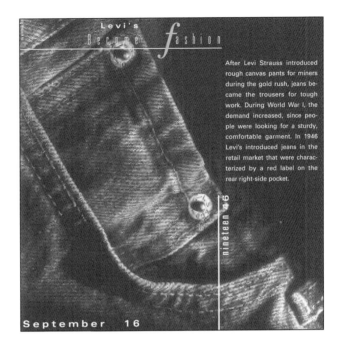

After Levi Strauss introduced rough canvas pants for miners during the gold rush, jeans became the trousers for tough work. During World War I, the demand increased, since people were looking for a sturdy, comfortable garment. In 1946 Levi's introduced jeans in the retail market that were characterized by a red label on the rear right-side pocket.

After Levi Strauss introduced rough canvas pants for miners during the gold rush, jeans became the trousers for tough work. During World War I, the demand increased, since people were looking for a sturdy, comfortable garment. In 1946 Levi's introduced jeans in the retail market that were characterized by a red label on the rear right-side pocket.

视觉信息内容

标题	"如果手套不合适，你一定无罪"
日期	10月3日
年份	1995年
内容	O.J.辛普森被指控谋杀前妻尼科·布朗和餐馆侍者罗纳德·戈德曼。1995年10月3日，该案经审理后宣判辛普森无罪释放。喧闹的媒体将此称为"世纪大审判"，该审判引发全国轰动。在一片大肆炒作中，辛普森出版了相关书籍，书中披露了与案件有关的手套、审判直播、抓捕过程、种族主义者马克·福尔曼，还有常常被人遗忘的两位受害者。此次涉及谋杀、家庭暴力和警察执法不当的案件，审理历时372天，以被告人无罪释放而告终。

约翰·皮特费萨，1998年

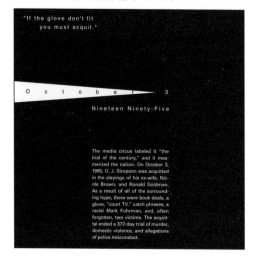

October 3
nineteen ninety-five

"If the glove
don't **fit**
you must
acquit."

Reasonable Doubt

The media circus labeled it "the trial of the
century," and it mesmerized the nation. On
October 3, 1995, O. J. Simpson was acquit-
ted in the slayings of his ex-wife, Nicole
Brown, and Ronald Goldman. As a result of
all of the surrounding hype, there were
book deals, a glove, "court TV," catch
phrases, a racist Mark Fuhrman, and, often
forgotten, two victims. The acquittal ended
a 372-day trial of murder, domestic vio-
lence, and allegations of police misconduct.

致　谢

Special thanks to Benjamin Watters and Syreeta Pitts for research, layout, and administrative assistance and to the Ringling School of Art and Design, Faculty and Staff Development Grant Committee.

Students from the Ringling School of Art and Design who have contributed work include:

Mina Ajrab	Hans Mathre
Christina Archila	Ashley McCulloch
Kathy Azada	Will Miller
Jana Dee Bassingthwaite	Rusty Morris
Drew Chibbaro	Pedro Perez
Arthur Gilo	Sara Petti
Amy Goforth	John Pietrafesa
Erin Kaman	Drew Tyndell
Lora Kanetzky	Wood D. Weber
James De Mass, Jr.	

图片来源

Best Swiss Posters of the Year 1992, Siegfried Odermatt

Columbia University, Graduate School of Architecture and Planning Posters, Willi Kunz, New York

Columbia University, Graduate School of Architecture and Planning, Lecture and Exhibition Posters, Willi Kunz, New York

Festival d'été (Summer Festival), Program Spread, Philippe Apeloig

Institute for Architecture and Urban Studies Graphic Program, Massimo Vignelli

National-Zeitung (Newspaper) Poster Series, Karl Gerstner

Nike ACG Pro Purchase Catalog, Angelo Colleti, Shellie Anderson

Program for Zurich University's 150th Anniversary, Siegfried Odermatt

SamataMason Web Site, Kevin Kruger

Sotheby's Graphic Program, Massimo Vignelli

精选书目

Celant, Germano. *Design: Vignelli*. New York: Rizzoli International Publications, Inc., 1990.

Codrington, Andrea, ed. *AIGA: 365, AIGA Year in Design 22*. New York: Distributed Art Publishers, Inc., 2002.

50 Years: Swiss Posters Selected by the Federal Department of Home Affairs, 1941–1990. Geneva: Societe Generale d'Affichage in collaboration with Kummerly & Frey AG Berne, 1991.

Gottschall, Edward M. *Typographic Communications Today*. Cambridge, MA: The MIT Press, 1989.

Kröplien, Manfred, ed. *Karl Gerstner, Review of 5 x 10 Years of Graphic Design Etc*. Ostfildern-Ruit: Hatje Cantz Verlag, 2001.

Kunz, Willi. *Typography: Formation + TransFormation*. Sulgen, Switzerland: Verlag Niggli AG and Willi Kunz Books, 2003.

Kunz, Willi. *Typography: Macro- + Micro-Aesthetics, Fundamentals of Typographic Design*. Sulgen, Switzerland: Verlag Niggli AG and Willi Kunz Books, 2000.

Müller-Brockmann, Josef. *The Graphic Artist and His Design Problems*. Teufen, Switzerland: Arthur Niggi Ltd., 1961.

Müller-Brockmann, Josef. *A History of Visual Communication*. New York: Hastings House, 1971.

Ruder, Emil. *Typographie, Typography*. Heiden, Switzerland: Arthur Niggli Ltd., 1977.

Spencer, Herbert. *Pioneers of Modern Typography*. Revised edition. Cambridge, MA: The MIT Press, 1983.

Tschichold, Jan. *Asymmetric Typography*. Toronto: Cooper & Beatty, 1967.

Waser, Jack and Werner M. Wolf. *Odematt & Tissi, Graphic Design*. Zurich: J. E. Wolfensberger AG, 1993.

索 引